野外植物の魅力

野外植物の水彩画200
＆観察エッセイ

山川哲弘

まえがき

　植物は私たちの日常生活に密接に関連している。人間は穀物や野菜、果実という改良されてきた植物を食べ、また観賞用に作り上げた植物を見て生きてきたが、一方ではまだ私たちがあまり知らない野生に近い植物にも癒やされ、守られながら生きている。

　私たちが見る植物は、一般には野生的環境と人工的環境とに分かれて存在しているが、場合によっては日常目が届かない場所の植物とも間接的には共に生活し合っている。しかし、比較的近い所にある目の届くはずの植物でさえ、その姿を十分には知らない。

　植物の姿や特徴を知るには、書物やテレビなど媒体物を利用することができるが、ほんとうの植物に近付いてその姿を確認すれば、思わぬ感動が得られるものである。

　そこで、多様な植物の様子を確認してみようと、まず比較的近い所にある、当然と思われるような特徴を持つ植物の姿を絵に描いて認識し、さらにその植物の背景を観察してみようとした。

　自分で表現した植物を探ってみることが、自然界にある他の自然をも認識できるきっかけとなり、また植物から何らかの多様な感覚を取り込む要素が得られると考えたからである。

　選んだ植物は、岐阜市の金華山など岐阜市近郊の地で観察したものが多いが、例外もある。できるだけ分かりやすい説得性のある野外植物を題材とし、高山性の植物や園芸植物は基本的に省くことにした。

岐阜県では将来の森の姿（森林づくり100年構想）として、生物多様性や景観に配慮した森林づくりを目指している。この著作でも樹木は特に重視し、その姿の多面的な観察を意識した。

　拙い自筆の水彩画が数多く掲載されるが、その植物に見られる自然の存在感をできるだけ織り込むようにしたつもりである。

　絵画はⅡ編から成り立ち、Ⅰ編目は普通の透明水彩画（Ｆ４号～Ｆ６号・四つ切り）から、Ⅱ編目ははがき用紙に描いた簡単な水彩画のスケッチから採用した。

　この著作を刊行するにあたり、野外植物観察の基本は、以前に兵庫県生物学会顧問の清水美重子先生にご指導頂いた経験を参考にし、また絵の描写については、岐阜県羽島市に古くから開設されている羽島水彩画サークルのメンバーとして講師の番　清先生、会長の木崎竹文さんにご指導になった。深く感謝する次第である。

　先生は私の中学時代の図画の先生で、相変わらずの力不足である私の腕前に呆れられていることと思うが、そこは恥ずかしさを意に介さない老人力を発揮してここに掲載することにしたものである。

平成28年　6月
著者しるす

目次 ◆ 絵画編

幹・枝・根

1 深い隆起 ……………… 12
2 不気味な森 …………… 14
3 木のタケノコ ………… 16
4 枝先の枯死 …………… 18
5 枝の均衡 ……………… 20
6 逆さまの箒 …………… 22
7 環境の鎮静 …………… 24
8 片側だけの枝 ………… 26
9 斜面での補強 ………… 28
10 過密な分枝 …………… 30
11 コケの着生 …………… 32
12 板根風の木 …………… 34
13 扉で防御 ……………… 36
14 年輪の陳列 …………… 38
15 初詣のかがり火 ……… 40
16 裂ける樹幹 …………… 42
17 古木のうろ …………… 44
18 幼木のゆくえ ………… 46
19 短命な樹木 …………… 48
20 逆さまのタコ ………… 50
21 巨木の根 ……………… 52
22 レンガで成長 ………… 54
23 巻かれた根元 ………… 56
24 中空になる木 ………… 58
25 山の枯れ木 …………… 60
26 フジ蔓の傷痕 ………… 62
27 街路樹の地図 ………… 64
28 こぶの形成 …………… 66
29 乳のある枝 …………… 68
30 空の棲み分け ………… 70
31 幹の捻じれ …………… 72
32 曲がる幹 ……………… 74
33 こもを巻く木 ………… 76
34 繊維の生産 …………… 78
35 棘のある植物 ………… 80
36 伐採木 ………………… 82
37 地表を這う根 ………… 84
38 茎の遊泳 ……………… 86
39 生存競争 ……………… 88
40 枯死する竹藪 ………… 90

葉

- 41 初夏の森 …… 94
- 42 紅葉の森 …… 96
- 43 高い山の紅葉 …… 98
- 44 蔓草の紅葉 …… 100
- 45 変幻自在の葉 …… 102
- 46 針葉樹の落葉 …… 104
- 47 葉の交代 …… 106
- 48 白い葉裏 …… 108
- 49 葉から吸う酒 …… 110
- 50 青い景色 …… 112

花

- 51 花の集まり …… 116
- 52 散り際の花 …… 118
- 53 一花の魅力 …… 120
- 54 枯淡の美 …… 122
- 55 北を向く蕾 …… 124
- 56 花弁の偽物 …… 126
- 57 銀蝶の舞 …… 128
- 58 芳香花 …… 130
- 59 雄しべの変化 …… 132
- 60 雪との生活 …… 134
- 61 落ちた花群 …… 136
- 62 雪に似た花 …… 138
- 63 黄金色の山 …… 140
- 64 捩れた金糸 …… 142
- 65 蜜の目印 …… 144
- 66 苞の役割 …… 146
- 67 白い大花 …… 148
- 68 眠る葉群 …… 150
- 69 萼片の風車 …… 152
- 70 花に葉一枚 …… 154
- 71 本当の花 …… 156
- 72 葉を破る花 …… 158
- 73 漏斗型に開花 …… 160
- 74 壺のある花 …… 162
- 75 夜に咲く花 …… 164
- 76 花の挨拶 …… 166
- 77 菜の花の変遷 …… 168
- 78 春の田園 …… 170

果実・きのこ

79 種子を覆う蝋 ……… 174
80 果実の束 ……… 176
81 象牙色の玉 ……… 178
82 京菓子様の塊 ……… 180
83 動物似の果実 ……… 182
84 五角形の提灯 ……… 184
85 水晶草 ……… 186
86 気ままな裂開 ……… 188
87 食べられる果実 ……… 190
88 渦を巻く種子 ……… 192
89 林の中の明かり ……… 194
90 サルの腰掛け ……… 196
91 柄の長い傘 ……… 198
92 枯れ木に耳 ……… 200

草

93 河川敷の変遷 ……… 204
94 木を包む草 ……… 206
95 枯れた存在感 ……… 208
96 野草の生け花 ……… 210
97 繁殖の妙手 ……… 212
98 一枚の葉 ……… 214
99 葉裏に気泡 ……… 216
100 山菜と野菜 ……… 218

目次 ◆ はがき絵編

幹・枝

1 樹皮の模様 …………… 222
2 コルク層の怪物 ……… 223
3 合体した木 …………… 224
4 翼のある茎 …………… 225
5 年輪の差異 …………… 226
6 襟と皺 ………………… 227
7 平たい茎 ……………… 228
8 地面からの筆 ………… 229
9 寄生する野草 ………… 230
10 幾何学的な茎 ………… 231

葉

11 落ちない枯葉 ………… 234
12 常緑樹に寄生 ………… 235
13 葉の裂け方 …………… 236
14 編み笠の堆積 ………… 237
15 紅紫の葉 ……………… 238
16 四つ葉と五つ葉 ……… 239
17 葉と葉鞘 ……………… 240
18 片寄る葉群 …………… 241
19 昼寝する葉 …………… 242
20 複雑な葉型 …………… 243
21 葉並びの妙 …………… 244
22 放射状の葉 …………… 245

花

23 花の歯車 ……………… 248
24 藍色の宝石 …………… 249
25 鱗片の集まり ………… 250
26 バラの基本種 ………… 251
27 艶のある野バラ ……… 252
28 手のひらの花 ………… 253
29 優しい香り …………… 254
30 真冬の芳香 …………… 255
31 雌しべの花 …………… 256
32 北を向くネコ ………… 257
33 優雅な毒草 …………… 258
34 葉の仲間 ……………… 259

35	春の小包 …… 260	50	長い白髭 …… 275
36	夜咲く花 …… 261	51	白い花火 …… 276
37	倒れて伸長 …… 262	52	美しい侵害植物 …… 277
38	アレロパシー …… 263	53	片寄る花列 …… 278
39	突然の八重咲き …… 264	54	消えた花弁 …… 279
40	花弁の増加 …… 265	55	蜜の貯蔵庫 …… 280
41	逆三角の花 …… 266	56	花の座布団 …… 281
42	鮮やかな紅色 …… 267	57	総苞片の膨らみ …… 282
43	糸様の裂開 …… 268	58	桃色花のキイチゴ …… 283
44	花弁と萼 …… 269	59	春の黄花 …… 284
45	苞の化身 …… 270	60	白いヒガンバナ …… 285
46	赤い綿棒 …… 271	61	幻の花 …… 286
47	釣鐘の連なり …… 272	62	湿地の怪物 …… 287
48	袋をもつ花 …… 273	63	綿塊の穂 …… 288
49	棘のある鎧 …… 274	64	雌しべの集合 …… 289

果　実

65	薄紫の小果 …… 292	70	楕円形の住宅 …… 297
66	野鳥の冬餌 …… 293	71	裂けた袋果 …… 298
67	秋の赤珊瑚 …… 294	72	丸い毬 …… 299
68	橙色の集合果 …… 295	73	肉厚の部屋 …… 300
69	髭のある皿 …… 296	74	硬い核果 …… 301

75	卵塊様の果実 …… 302		83	三枚の翼 …… 310
76	四角い果実 …… 303		84	複数の着果 …… 311
77	赤と緑の団子 …… 304		85	俵に似た実 …… 312
78	胎生種子 …… 305		86	インク色の房 …… 313
79	クリスマスの木 …… 306		87	神輿から飛散 …… 314
80	回転する種子 …… 307		88	赤色になる莢 …… 315
81	ナシに似た味 …… 308		89	苞葉の変形 …… 316
82	果実の色変わり …… 309		90	珠芽の集合 …… 317

虫こぶ・病害

91	紫色の大玉 …… 320		96	赤い星の玉 …… 325
92	耳状の大袋 …… 321		97	二種類の小球 …… 326
93	整列する宝石 …… 322		98	橙色の軟塊 …… 327
94	ネコの足 …… 323		99	葉の肥大 …… 328
95	黄緑の巾着 …… 324		100	樹木のこぶ …… 329

参考文献　　330

○ 絵画編

幹・枝・根

1 深い隆起

　山道で落ちているドングリに出合う。大きなものだと、どの木から落ちたものかと上を見るが、木の種類が多いと分かり難い。

　ドングリはブナ科の果実の俗称で、コナラ属がほとんどであるが、ブナ属やシイ属などでもドングリができる。それらの中には落葉樹も常緑樹もあって、落ちたドングリの木を探すのには苦労する。

　数多くあるドングリの中で、クヌギやアベマキは大きい方である。アベマキの殻斗(かくと)はクヌギに比べるとやや深く肉厚の感じである。また、アベマキはドングリのへそに残る花柱が太めであるのに対し、クヌギの方は細く突出した傾向がある。

　葉型はアベマキが幾分ふっくらとした傾向があり、葉裏は白い短毛で覆われ灰白色であるが、クヌギは葉裏が滑らかで緑色である。しかし、どちらとも思える葉があって常に区別が容易とはいえない。

　樹皮はどちらも深い隆起があるが、アベマキではコルク層が発達して不規則な深みのある凹凸(おうとつ)のあばた状が目立つ。

　クヌギの方は裂け目がやや大きい傾向があるが、判別は簡単ではない。中には両者が掛け合わさったものがあるそうで、葉の区別と同様に難しい。

　アベマキはコルク層の発達で、よく注意すると年輪のようなコルク層の積み上げが観察できることもある。

(四つ切り)

　岐阜市の金華山を登っていくと、途中に大きな巨木があった。この樹木は何だろうかと、上を見たが葉の茂る位置が高くて形がはっきり分からない。
　落ちている果実も見当たらないので、古い落ち葉と幹の肌で考えることにしたが、葉裏の感触をつかむには古すぎた。老木の肌は深い溝のある隆起で波打っていた。
　樹木の種類はクヌギかアベマキのどちらかであるが、金華山ではアベマキが大部分を占めるといわれている。溝の深まりが大きくはあったが、そのふくよかな隆起の様子からアベマキと推定した。
　その大木を背にしてお弁当を食べている若いグループがあったが、この楽しげな環境づくりに、大木が大きく役立っている。

絵画編 ● 幹・枝・根

2 不気味な森

　里山の雑木林には古い年代から生育してきた樹木が見られるが、その中には株立ちになっている太い木が多い。すなわち、根元付近からたくさんの幹が分かれ、立ち上がって成長している。
　その理由として、例えば薪を採るため、長年太い木を伐採してきたので、その根元から生えたひこばえが成長したものと思われる。
　木が伐採されなくても病害虫などによって古木が地際から枯れ始めると、その代償として新しい不定芽が顔を出す。そして、その古木のあちこちから何本もの若枝が出てくる。
　庭や公園などでは、残すための枝以外は切り取られるが、山の中ではそのままに放置される。そのために一か所から樹が乱立する。
　このように古木が下方から伐採されたり、何らかの障害で枯れ始めると、それに合わせてその近くの不定芽が芽生えるようになるので格好の良い株立ちにならず、不気味な状態をつくり上げる。
　そのような樹群は健全な生育が難しいので、下方から空洞ができたりして健全な発育ができず、ついには木全体が倒伏することもある。
　また、里山の雑木林には様々なキノコが発生する。食べられるのかもしれないが、その本体は木を枯らし、枝の乱立を促す犯人にもなる。
　日本産キノコには数千種類があり、針葉樹や広葉樹などに発生して不気味な森をつくりあげる。

(四つ切り)

　雑木林の中で見た常緑樹の枯れかかった巨木である。樹木の上部が過去に伐採されていて、その下方から枝が乱立気味に伸びている。ところどころの腐食部分に気根の発生が見られ、木の生命をなんとか取り戻そうとする植物の力強さがうかがわれて、生きるための名場面をつくりあげている。

　右側のやや遠方に、地際から立ち上がった株立ちの木が見える。木が根元で伐採または腐食したために、その後新しい不定芽や休眠芽が目覚め、その結果根元から幹が何本かに分かれて生育したのであろう。右側手前は腐食した切り株に生えたキノコで、クリタケに似ている。

　また、落葉樹の雑木林では、新しい葉のない朽ちかけた巨木があちこちにあるので、ハイキングでは敬遠されそうな雰囲気がある。

3 ｜木のタケノコ

　ヒノキ科の植物にメタセコイアという木がある。中国で発見された生きた化石といわれる樹木で、先端の尖った美しい樹形をしている。このメタセコイアに比べて、近くで観察してもほとんど変わらないものに同じヒノキ科のラクウショウがある。

　その形態上の主な違いは、メタセコイアの葉が対生であるのに対し、ラクウショウは互生になっている。両樹は互いに似通った性質があり、秋になると葉が黄変して葉柄や小枝まで落葉し、枝の端には冬芽ができて越冬する。

　ともに乾燥した土地に十分生育できるが、ラクウショウの方は沼地や湿地に生育すると、メタセコイアでは見られない奇妙な現象を起こす。太い根の部分が土の中からモクモクと競り上がってくる。

　竹のタケノコならぬ、木で作られたタケノコである。このタケノコは呼吸根といわれる気根で、空中から酸素を捕獲できるような特有の性質が備わった根である。

　メタセコイアは公園などに比較的多く植えられていて、よく知られているが、ラクウショウは植えられている場面が少なく、珍しい樹木に当たる。

　近くで見ると、ラクウショウの幹はメタセコイアよりも頑丈な風格があり、周りの気根が木を守る兵隊たちのように見える。

(四つ切り)

　ラクウショウは付近の公園に行っても滅多に見ることはできない。私が近くで見たことがあるのは名古屋市の東山植物園である。しかし、土から伸びていた呼吸根は背が低く、50センチにも満たなかったように思う。

　この絵の場面は、平成の初期に神戸市立森林植物園で見たものである。呼吸根は太く、長さは確か1メートル以上になっているものがあったと記憶している。低湿地で肥沃な場所が気根を育てているのであろう。木の樹皮には力強い鱗(うろこ)模様があり、深い裂け目が縦にまっすぐ走っていた。

　傍らの呼吸根は、何か木の王様を取り巻く兵隊たちのような感じがあった。

　連れの誰かが「お地蔵さんに見えはしない？」と、言った。見慣れない植物はさまざまな形に見える。

4 | 枝先の枯死

　初夏の緑地公園は木々の成長が盛んに進行している最中で、特に常緑樹の古木は、付近の若木の育成を励ましているかのようだ。

　樹木の葉群の様子は木の種類によって違うが、照葉樹などでは枝先にある多くの葉群がこんもりとした深みを持ち、葉の表面がてかてか光って、自然のエネルギーを満喫している。

　その照葉樹の古木がまさかと思うような姿を見せ始めたことがあった。緑地公園内にある巨木のクスノキで、その先端の枝がほとんど枯死し、枝先の葉群がなくなってしまっているのである。

　樹木の枝先が枯れる理由は、葉から大気中に蒸散する水分に対して根からの水分供給が追いつかないためであるが、それには根部の病気で障害を受けていたり、土壌水分の停滞で根の水分吸収機能が不十分であること、またはその逆に土壌が過乾燥で水分が不足する場合や踏み固められて酸素不足になっていることなどがうかがわれる。

　この場所は低地で園内に水が長く停滞している場所があるため、このような枝枯れになったのではないかと思われた。

　枯れた枝先には生きた葉が存在していないが、その下方にある太い枝の脇からは、多くのこんもりとした葉群が群がっていた。

　クスノキの存続にはしばらく差し支えがないと思うが、その公園には何かファンタジー映画のような異様な雰囲気が漂っていた。

（F-6号）

　岐阜市内に清水緑地という緑地公園があり、JRの岐阜駅に近いので多くの行楽客が訪れる。そこにはクスノキをはじめ幾つかの樹木が茂っていて、夏にはセミが鳴き、珍しいチョウが舞う休息地である。
　平成24年（2012）、その中に枝枯れの異変が多いのを見つけた。葉群は下方の太い枝の分かれ目部分にしか見られず、多くの枯れた枝が突っ立っていた。また、森の内部が暗いので、何か幻想の世界に浸っているかのような錯覚を覚えた。清水緑地は、小川の流れる日当たりの良い場所の方に人気があるので、暗い感じのする林の方へは訪れる人が少ない。
　公園の中の滅多に入り込まない場所でも、それなりの見せ場があることがあり、危険な場所でなければ足を向けるのがおもしろい。

5　枝の均衡

　公園にある大きなマツが堀の池に向かって倒れ込んでいた。マツの長さは、およそ十数メートルはあろうかと思われる。先端が水面から少し上がっていて、水に浸からないでいる。
　よくこの状態で長い年月持ちこたえていたものだと感心するが、もしかしたら、この格好が奇抜なので公園の管理側が伐採しないでわざと残しているのかもしれない。
　長期間この状態が継続しているためか、倒れ込んだマツの幹の上に特異な姿の枝が何本も伸びていた。樹木が倒れ込むと、付いている枝は全体のバランスが取れるような成長を始める。
　広葉樹では幹の傾きと反対の方の斜め上に枝が伸びる。針葉樹では倒れ込んだ樹木の上側の枝が上方にまっすぐに伸びて、均衡を保とうとする。
　針葉樹であるこのマツは、長年の間に上の方にまっすぐ立ち上がって成長したのであろう。しかし、中には広葉樹のように倒れた向きの逆方向へ斜めに伸びているような感じの枝もあった。
　いずれにしても、長い倒れ込みの期間にマツが自分で懸命に生きようとする努力の跡が示され、その生命力に圧倒されるのである。
　木は自然の環境で様々な圧力を受ける。日照や強風、積雪などである。強風に対しても枝は風上、風下の均衡がとれる姿になる。

(F-4号)

　三重県桑名市に九華公園という公園がある。その公園の堀に面した岸から大きなマツが倒れ込んでいた。

　ここを訪れたのは平成24年（2012）当時であったが、その数十年前からこのように倒れているそうである。堀の水辺を回遊するのに邪魔にもならず、かえって名所のような存在になっているため、そのまま残してあるそうだ。

　こうした状況で伸びていくマツの枝の伸び方を観察するには、都合の良い場所なので貴重である。九華公園は桑名城の本丸跡と二の丸跡に造られた7.2ヘクタールの庭園で、園内には遺跡もあって多くのサクラなどが植えられ、観光客が絶えない場所である。奇妙な風景というのは、案外身近な場所にあるが、大勢の人が絶えず見ているので珍しくなくなるようだ。

6 ｜逆さまの箒

　冬は多くの樹木が休眠する時期である。落葉樹では夏に活躍した葉の群れが地面に舞い降りて積もり、やがて土に還っていく。葉が落ち去った木の枝は、裸になった生き物として来春に成長するための準備を始める。

　落ちた葉の形は、固有の樹種であることを主張しているが、葉が落ちた裸木の方も、自分が何者なのかをそれなりに表現している。

　木の種類によって表現の特徴が違うが、誰もが感知しやすい姿をしている代表がケヤキであろう。ちょうど箒（ほうき）を逆さまに立てたような形をしている。

　頂芽（ちょうが）といわれる木の先端の芽が数多くできるために、枝が束になって上へ上へと向かい、側枝が横に伸びて行かない。

　その均整のとれた姿が美しいので街路や公園によく植えられ、観賞されている。ケヤキは葉も独特の姿をしていて、縁の鋸歯（のこぎりば）はちょうどクリの果実の尖りを想像させる曲線になっている。また、葉の左右が不相称で、形が歪んで発育しやすい。

　春先の萌芽（ほうが）は枝によって不揃いで、一斉に芽生えない。落葉の速さもさまざまなので、ケヤキが葉を落とした姿は遠方からでも分かりやすい。

　ケヤキは老木になると、葉腋についていた果実が葉の付いた枝ごと落とされ、果実が土に散布される。

（F-4号）

　岐阜公園で葉が落ちた後のケヤキ林である。ケヤキ林はどこにでも見られるので珍しくはないが、その樹形に特徴があるので親近感がある。樹木にはほとんど関心がない人でもケヤキの姿ぐらいは知っている人が多い。

　樹木を見て、その健全度を測るのは難しいが、ケヤキは形が決まっているので観察しやすい。樹高が低いまま枝が横に張るのは、根の機能が活性化し難いからで、条件のよい土地で育つケヤキは背も高く形も良い。

　春になると裸木になっている枝に萌芽が始まるが、同じ株でも枝の大きさや方向に関係なく萌芽の速さが異なる。

　ケヤキは大木になる樹木の代表であるが、雑木盆栽としても人気がある貴重な樹木である。

7 │ 環境の鎮静

　社寺や公園に植えられている広葉樹の大木や古木の代表はクスノキである。針葉樹ならばスギかもしれない。クスノキは普通20メートルほどのものであるが、高いものでは50メートルを超え、幹周りが25メートルにもなるものがあるようだ。

　一番美しくなるのは5月の芽立ちの頃で、新しい黄緑色の葉が茂り始める前に美しい紅色の新芽が束になって伸びる。新葉群が展開すると、古い葉が脱落していく。

　クスノキは葉を付ける密度が高く横に広がり、こんもりとした膨らみのある葉群を形成する。その硬い葉の縁同士が擦れ合う音で周囲の雑音を打ち消すため、軽やかなざわめきがかえって環境を鎮静化する効果がある。

　クスノキはそのままでは、それほど強い香りが漂うことはないが、葉を取って揉んでみると、樟脳(しょうのう)の淡い香りがする。この香りには防虫作用があるので、タンスなどの家具に利用され、古くは仏像や丸木舟などもつくっていたようだ。

　葉は主脈の基部から左右に広がる側脈があり、その3本の脈はよく目立つが、側脈が主脈から別れるところに小さな膨らみがあり、そこに無害性のフシダニが生息する。5月から6月にかけて黄緑色の小さな花が咲き、秋になると紫黒色の小さな丸い果実が熟す。

（四つ切り）

　クスノキの古木で、初春の頃の姿である。岐阜県立美術館の庭には幾本かのクスノキが植えられていて、生きた芸術品の雰囲気をつくりあげている。
　古木で、ところどころが腐朽しかけているために、そのあちこちから新しい芽が伸び、春になると柔らかな赤っぽい葉が輝く。
　クスノキがこうした美術館や神社、病院など、静かであるべき環境に多いのは、葉同士の触れ合いによって打ち消す音の干渉を利用した意図があるものと思われる。またシダ類の着生が環境の落ち着きをいっそう高めていて、美術館の雰囲気を醸し出している。
　クスノキから防虫剤になる樟脳が生産されるが、その葉を食べるアオスジアゲハやクスサンが存在する。

8 片側だけの枝

　針葉樹が整然と立ち並んでいる風景は、広葉樹の波打つような感覚とは違って、端正な美しさが感じられる。

　針葉樹にはマツのように幹の変形が楽しめる樹木もあるが、モミやスギのように根元からまっすぐに伸びている姿は、幹を中心に左右バランス良く枝を付けた円錐形の爽やかな感覚がある。

　多くの針葉樹では先端の芽が、その下方にある芽の上方への伸長を抑えていて、あのような美しい樹形を保つようだ。

　スギの多いある里山を歩いていた時、スギの形態が想像していた姿と違う風景に出合った。枝が左右に均整のとれた格好ではなく、不均衡な形というか、幹の片方にのみ枝群が出ていた。逆の方向にはまったく枝がないか、あってもごく短い枝しかない。

　一般にスギ林では、林の外側にある木は枝が片側にのみ付くことがある。林の内側では枝や葉は光が当たる上方にのみ存在するが、外側では光が横側から当たるために外側の方に長く伸びる。単独で生えている時のような円錐形をしていないのである。

　枝が片側だけに付く現象は強風条件下でも起きてくる。風上の芽が強風で障害を受けるために、枝の風上への伸長を妨げるのである。

　スギの大木のいびつな姿は、またそれなりに生きている生物の動きを感じさせていて、興味がある。

（F－4号）

　里山で出合ったスギの林である。スギの北側が斜面になっていたので、おそらく上側になる木の樹冠の影響や、日当たりの加減で、枝が一方の南側に長く伸びたのであろう。
　比較的古い樹木で、ところどころ枝枯れがあり、風当たりも強いのであまり健全な状態ではないように思われた。辺りには、何本かの倒伏したスギも見受けられたので、このスギ群の先行きも安泰ではないように感じられる。
　岐阜の金華山で、頂上周辺にあった広葉樹のサカキの群生地を見た時、その多くが一方にのみ枝群を張り出していたことを思い出す。
　このスギ林では、伸びた枝がちょうど山道の斜面にある小道の上を覆っていたので、夏の日差しを遮るのには都合が良かった。

9 斜面での補強

　山を歩く時、急斜面のある場所に来ると、その斜面に生える太い針葉樹や広葉樹の根元が特異的な姿をしているのを見ることがある。

　上に伸びている幹に均整がとれていても、それが根元から整っているのではない。傾いた根元が谷側、または山側に少し膨らみを持って上に立ち上がっているように見えるのである。

　樹木が斜面に育って、そのまま歪みなしに成長すれば、斜めに傾いたまま伸びるはずであり、いつかは谷側に倒れるであろう。

　そうならないよう、樹木は知恵を働かせる。谷側に傾いた木がまっすぐ上に伸びるようにするには、その木を下から押し上げるか、あるいは上から引き上げるしかない。

　樹木は自分でその修正力を発揮する。その補強の仕方は、スギのような針葉樹では下側から押し上げるように当て材的能力を発揮して補強する。そのため、谷側に傾いた根元の方が膨らみ、さらに細胞も軸方向に伸びるため、谷側の年輪幅が広くなる。

　広葉樹では補強のされ方が逆で、上から引き上げようとする力が働き、山側の方に根が張り出す。年輪幅は山側の方が広くなる。

　斜面の樹木は上方にある木の影響を受けやすく、雪などの圧力で生存が厳しい環境にある木は、それを受けて強く生きようと頭を使っているのである。

（F−4号）

　ある里山の急斜面で見たスギの根元である。手前の谷側が膨らみ、安定を保っている。当て材に当たる部分が谷側にある。右の切り株を覗いて見ると、谷側に当たるほうの年輪幅が広くなっている。

　これがもしも広葉樹であれば、根元の膨らみは山側になり年輪幅の傾向も逆になる。

　そのため、年輪だけで方向が分かるのではなく、例えば南側の年輪幅が広くなるのは南向き斜面の針葉樹、あるいは北向き斜面の広葉樹の時である。日の当たり方が、年輪幅に必ずしも影響するとは限らない。

　年輪はその樹木の歴史も現している。地上部に起きている変化だけでなく、土地の基盤も関与している。

10 過密な分枝

　公園や道路の中央分離帯などには、イブキの園芸品種であるカイズカイブキがよく植えられている。樹相が特異的で格好が良い。こんもりとした枝群は旋回しながら上方へと伸び、何となく緑の炎に包まれているようである。

　ところどころに隙間があるので中を覗いて見ると、内部は太い幹を中心にして分かれた枝が過密状態になり、それらが捻じれ合って外側の葉群を頑丈に支えている。

　イブキやカイズカイブキの葉には特徴があって、普通は鱗片葉(りんぺんよう)であるが、刈り込みをしたり樹勢が弱ったりすると針状葉が出現する。一株に別の樹木が寄生しているかのように見える。

　さらにカイズカイブキの先端をよく見ると、北側の方向を向いているのが見受けられる。先端の向きが日の当たる方向とは違って、逆の方になっているので、南北の方向が分からないときは方向を理解する手助けになる。

　カイズカイブキを植えこむ時の注意点として、付近のナシ（梨）栽培の有無を確認する。ナシに赤星病という葉に虫が寄生しているかのような病状を示す病害があり、その原因になり得るからである。

　冬の間、カイズカイブキに宿っていた菌が、春に姿を変えてナシの葉に飛び移る。ナシの葉には長いひげ状の突起ができて落葉していく。

（F-4号）

　羽島市の県道に植えられていたカイズカイブキである。市の選定樹木がカイズカイブキであることもあって、あちこちに植えられている。

　普段は内部が見られないくらい、表面が密度の高い葉群で取り巻かれているが、場合によって葉群がめくられているので中の様子が観察できる。

　中央の幹から数えきれない細枝が分かれて周辺に伸び、全体として格好の良い姿を整える。その性質を利用して、剪定により特異的な姿に仕上げられていることがある。カイズカイブキはイブキの園芸品種であるが、イブキの方は大きなものでは20メートルを超す大木にもなる。

　なお、カイズカイブキの葉は普通にいう葉ではなく、茎の突起に当たる。スギやヒノキなども同じである。

11 ｜コケの着生

　樹木は年数が経つと表皮が老化してさまざまな生物が住み着きやすくなる。そのため、マツなど庭園にある樹木は、幹の周りにこもを巻きつけて害虫の駆除ができるようにすることもある。表皮の中に虫が潜り込んで越冬する性質を利用するのである。

　住み着くのは虫だけではない。植物もそうであるが、コケ類も同じである。コケとは、日常用語では背が低く地上部を覆うように広がる光合成生物のことであるが、その中で地衣類といわれるものと、コケ類といわれるものに分けられる。

　地衣類は、大部分を占めている子嚢菌（しのうきん）という菌類に藻類が共存したもので、菌の方は有性生殖や無性生殖で繁殖する。コケ類の方は姿が地衣類に似ているが、菌が関与しないで増えていく植物で、葉状や茎状に繁殖する。

　互いに似た形状なので区別し難く、名前にしても地衣類でありながら○○ゴケという名称があってややこしい。例えばウメノキゴケは地衣類であり、ゼニゴケやスギゴケはコケ類である。

　地衣類やコケ類は大気中の水分を利用して生活するので、大気中の汚染にたいへん敏感である。中には汚染の多いところを好むものもあるが、地衣類であるウメノキゴケは汚染の少ない樹皮や岩などに着生して広がる。ウメノキゴケのある場所は空気がきれいといえる。

（四つ切り）

　岐阜公園で見たムクノキに付いたウメノキゴケである。岐阜公園は金華山の麓にあって、町の騒々しさから離れた場所にある。ウメノキゴケがきれいな空気の中で、安心して体を広げるのに適しているのであろう。実際、公園外に出てみると、自動車の排ガスが多い大通りに面した場所にはウメノキゴケは付いていない。

　絵のウメノキゴケは白いが、乾くと白っぽくなり、湿ると緑色化する性質がある。中ほどは粉状になっている。成長が遅いが寿命が長いので、一度成長すると長期間観察できる。

　ウメノキゴケなどが樹木に付いているのを見ると、なぜか環境が安泰であるような安心感を覚える。

12 板根風の木

　辺り一面が水田の地帯では、自然の植物群は神社の森であり、大きな河川があれば堤防であろう。堤防では山野草、神社では樹木が自然に近い状態で観察できることが多い。

　神社には昔からの大木が茂り、樹齢数百年という古木も珍しくはない。一般に多いのは、クスノキ、ムクノキ、エノキ、タブノキ、イチョウ、シイノキ、スギ、マツなどである。

　巨木にはその風貌に個性がある。年月を経た木は過酷な環境や病害虫によって蝕まれるので、それらに抵抗した姿として空洞やこぶ、枯死枝やコケの着生、あるいはキノコの発生などを伴う。さらには横枝の巨大化や捻じれなどが目立つが、根元の形状としては地表面で幾筋かの美しい曲線の板を作っていることがある。

　これを板根といい、ムクノキなどに多く、エノキなどでもよく見かける。亜熱帯や熱帯の湿地帯に生える巨木にそのようなものが多いが、それは湿地帯で巨木を支えるのに適しているからだといわれる。公園などでは、根が浅い地中を進む時、張り出す方向にある根部背面が異常に肥大化してできあがることがある。

　林を散歩中、大木の根元から横に曲がって伸びた長さ3メートル程度、高さ50センチほどの板根に出合ったことがあったが、そこで家族連れが楽しそうにお弁当を食べていた。

（F – 6号）

　近所の神社にあったムクノキである。根元が板根の状態になりかかっていたが、それほど大きな板根ではなかった。大きい板根になると、背の部分が高く分厚い板状になり、長く大きく成長して上に盛り上がる。
　そうなると、歩き疲れた体を休めるのに都合の良い腰掛の格好になる。この絵の状態ではまだそこまでいっていないが、それでも数百年は経っている板根風の古木である。
　この神社には稲荷神社が併設されているので、赤い鳥居が見える。金比羅神社や地蔵菩薩もある神様たちの共存場所である。
　この絵では板根というには、まだほど遠い形状であるが、板状に発達する気配をもつ姿であろうと感じた。

13 扉で防御

　樹木は年月が経つと様々な環境に遭遇する。そのような経過の中で背丈が高くなり、幹も太くなっていく。しかし、それが必ずしも樹木の強度を高めることになるとは限らない。

　生育中に不適切な環境に出合ったり、病害虫に侵入されたりすると生育が阻害されてしまう。優れた農薬があっても、処理するタイミングや処理方法が悪ければ無防除と変わりない。

　樹木が生育してから外傷を受けると、そこから木材腐朽菌が入り込み、木材の心材部を腐らせることがある。心材部はすでに細胞が不活性になっている部分なので、腐っても大きな障害にはなりにくいが、腐食が進み過ぎると物理的に弱くなって、折れやすくなる。

　そうならないために、樹木は自分自身で侵された空洞の入り口に円柱状の門を作って補強する。つまり、硬い壁を作って菌の侵入を防ぐとともに、その端に当たる部分に硬く巻き込むような門柱を構築して、腐食の進行を止めるのである。

　ギンナン寺といわれる、ある著名な寺に行った時、イチョウの大木のそばに腐食した切り株が横たえてあった。よく見ると、腐食した部分の端に見事な円柱状の構造になった切り口が見られた。

　その寺には、ギンナンからの芽生えや生育中の若木などが共存し、衰えても病害と闘う大木群の生命の循環が垣間見られた。

（F－4号）

　岐阜県の羽島市に、一乗寺というギンナン寺がある。古い禅寺で、平安時代末期の源平合戦で逝った兵士たちを供養している話でも有名である。広い境内にイチョウの大木がたくさん植えられているが、腐朽したものも多く、歴史の深さを物語っている。
　木材の腐朽菌は古木の枯れ枝や樹皮の損傷、あるいは害虫の被害跡から侵入する。侵入した菌の進行を抑える壁が内部にできても万全とはいえず、また木の表面の崩壊を避けるためには、強固な門柱が必要になる。このイチョウの倒木ではそれが見事に示されていた。
　樹木は生きているので、病気や害虫の侵害があっても、ある程度までそれに対応するための見事な力を持っている。

14 | 年輪の陳列

　岐阜市の北部、比較的山地に近付いた辺りに岐阜大学がある。岐阜大学が各務原から現在の地に移ってから、もう30年以上が経つのであろうか。

　私は各務原校出身なので、今の場所の様子はあまりよく知らない。しかし、非常勤講師で幾度か訪問し、最近では大学が事務所になっている岐阜県植物研究会にも時々顔を出しているので、少しは大学の様子に慣れてきた。各務原でもそうであったが、今では応用生物科学部といっている昔の農学部には広い農場があった。当時、その農場に足を踏み入れる機会が多くはなかったので、農場の様子にはあまり詳しくはなかった。

　今回、現在の大学に来てみて、一度農場の探検をしてみようと思い立ち、散策したのである。時期がすでに晩秋であったので、作物の栽培は終わっていたが、実習用に植えられた果樹が何種類もあり、敷地内の端を通過する小川の近くには針葉樹群が見られた。

　針葉樹群がある一角に、短い長さに伐採されたスギが積み重ねてあった。切断された材を正面から見ると、各材木の年輪が一目で分かり、年輪が二つあるもの、三つあるものなど、さまざまであった。

　木が隣接して生えていると、お互いに擦れ合って密着し合体する性質があるので、それらが比較観察できた。

（F-4号）

　材木の切り口の様子が異なり、また年輪の形が変わっていると、その様子から何か芸術性を感じて楽しくなる。その材料が木でないとすれば、抽象絵画となり得て、見る人の想像力を働かせることになったであろう。

　年輪が変化するのは合体によるものもあるが、幾つかの要因がある。光の当たり方、斜面に生える状態に応じた曲がり方、風の向き、土壌条件、あるいは気象変動などである。

　温度や乾燥、湿潤などが異常であると年輪に影響し、古い時代の気象が解明されることがあるので、年輪は木に影響を与えた要因の歴史を映し出す。

　歴史を反映している樹木の年輪はさまざまな想像力を導くが、芸術作品には自然の不思議から導かれた形を参考にしたものも多い。

15 初詣のかがり火

　初詣で神社に行くと、かがり火が焚かれている。私の近所のお宮では、毎年氏子総代の人たちが大晦日の夜から準備をして、お正月になった時間から燃やし始める。

　お正月から雪が降ると、初詣に来る人たちの体が冷え切っているので、火力を強めざるを得ない。この年のお正月は火を燃やし過ぎて、後に控えた左義長用の材木まで使ってしまったそうである。

　私たち家族が行く初詣の先は、三重県桑名市にある多度大社である。多度大社では武者姿になった人たちが高さ２メートル余りの絶壁を白馬で駆け上がる行事や、また新嘗祭では馬上から騎士姿の人が矢を射て、天下泰平、国家安全を祈願する神事などが行われる。

　その多度大社の初詣に行くと、いつも売店で買った甘酒を飲みながら、かがり火の傍らでおみくじを広げる。

　そこで燃やされている材木は太いアカマツである。その脇には長さ１メートル程度に切られた材木がきちんと整理して積み重ねられている。

　多度大社は周りが深い森に囲まれているが、毎年、直径20～30センチもあるアカマツを準備するのはたいへんであろう。聞くと、それは他の地域から運ばれたのだそうである。燃え切った白い灰にはマツ特有の樹皮の模様がくっきりと浮かび、まるで彫刻作品のようであった。

（F－4号）

　お正月に燃やすかがり火に、マツの古木を太い丸太のまま、長さを揃えて使っている場面を見たことがなかった。これまで何度か大きな神社へ初詣に行ったが、ほとんどが利用済みの材木の廃材であったからである。
　多度大社で毎年使われる太いマツの丸太は、年輪を数えると50年を超すものも多くあった。よく見ると樹皮を除去した丸太が多いのでその理由を聞くと、遠地からの運搬なので、擦れ合って剥げ落ちたのだという。
　燃えた後の模様が、マツ独特の深い亀甲状や溝を白く立体的に残していて、マツが生きていた頃の面影が忍ばれた。
　太い丸太が激しく燃え上がる様は、見ていても心が沸き立つ。甘酒を飲みながらそのかがり火を眺め、お正月気分を味わうのである。

16 裂ける樹幹

　美しい青紫色の花の房が重なり合いながら、滝のように垂れ下がり、風で揺れる。この艶やかな様子は古代の人々の心をとらえ、歌や物語に表現された。

　フジを眺めていると、何となく繊細で弱々しい感覚があるが、実際は強く、したたかである。フジは他の植物に巻き付いて絞め殺したり、地面を網のように這いまわって独占しながら、茎を立ち上げて勢力を拡大する。

　フジの茎の断面を見てみると、年輪のように見える筋がある。それは普通の年輪とは違って、師部を含んだ形成層という分裂組織で、それが半月状に幾層も繋がった円形ブロックの集合になっている。

　筋と筋の間は導管のある木部になっているが、形成層の重複は肥大に導かれて材が割れやすくなり、そのためフジはいろいろな変形部を形成していき、樹幹が裂けたようになる。

　また、半月状の年輪が多く付くと茎は扁平になるので、他の木に密着して巻き付きやすくなる。フジの幹の変形については、フジが樹冠に達すると、葉が急激に増加するため、導管を一挙に多くする必要があり、形成層がたくさん作られるといわれる。

　茎が偏った構造になるため、それを利用して昔から花瓶敷が作られたり、強靭な蔓は履き物や綱などに利用された。

（F－6号）

　羽島市竹鼻町の真宗大谷派竹鼻別院に咲くフジである。すでに樹齢300年以上の古木であり、根回り2.3メートル、枝張りは東西約30メートル、南北約15メートルで、岐阜県指定の天然記念物になっている。
　幹の周囲は変化に満ちて、蔓の絡み合いが激しい。古木なので、菌類に侵害される機会も多いかと思われるが、よく保護されている。
　この樹幹を眺めていると、深い皺や溝などが表皮を覆い、樹皮が網目状に裂けて全体が偏った複雑な様相になっている。300年の間風雨に耐えてきた力強さが感じられ、植物という生命の強靭さに感銘するのである。
　フジはノダフジとも呼ばれるが、その他にヤマフジやナツフジもある。フジの茎が右に巻くのに対し、ヤマフジは左に巻く。

17 | 古木のうろ

　岐阜市の名山である金華山には700種ほどの植物があるといわれ、ツブラジイやアラカシなど照葉樹の宝庫でもある。初夏、ツブラジイの花が一斉に開くとその色が黄金色に輝いて見えるので、金華山と名付けられたともいわれる。高さ329メートルの歴史と伝説に満ちた山で、平成22年には国の史跡指定の答申がなされている。

　金華山の頂上へは幾つもの登山道があるが、私がいつもよく利用するのはやすらぎの小道である。信長史跡のそばから左方に歩いて行き、しばらく登るとアラカシ群が出現するが、その林の中で大きなうろ（空洞）のある木に出合った。

　うろは腐朽菌が木の傷などから入り込み、中を腐らせてできたものであるが、木はそれが広がっていかないように菌の侵しにくい物質を出して硬い壁を作る。それでも菌の方はその壁の内部を少しずつ侵していき、分解してうろをこしらえる。

　心材が空洞になっても、そこはもともと死んだ細胞なので、木にとってはさほど心配ないが、木自身の耐久力は弱くなる。また、腐朽菌が生きた細胞からなる形成層などを攻撃し始めると、生命力に大きな影響が出る。

　うろができると、樹木林に住む多くの動物たちが利用する。うろは小動物の住みかになるのである。

（F-6号）

　金華山の山中にできたアラカシのうろ（空洞）である。8月頃、そこを通った時には、中にカタツムリが住み、付近にはカブトムシが登っていた。
　金華山にはシカが生息していたり、ムササビやアライグマも発見されているので、いずれそのような動物たちの格好の部屋になるのかもしれない。また、スズメバチの繁殖場所になる可能性もある。
　このうろは、かなり強固な構造に見えたので、金華山に住むリスや鳥類などにも好都合であろう。最近、イノシシの出る話が持ち上がっているが、そんな危険な動物をかくまうような場所にはならないでもらいたい。
　ずうたいが大きく役に立たない木を（ウドの大木）といっているが、他説では心材の腐った大木（ウロの大木）を例えたともされている。

18 | 幼木のゆくえ

　大阪の茨木市に住んでいた頃、ある神社に植えられているサクラの腐朽部分から別の樹木が芽生えているのを見つけた。

　サクラはソメイヨシノで、まだ生きてはいたが、幹の大部分が腐朽して、あと何年ももたないように見えた。その腐朽部には多くの気根が発生して地上に到達しつつあり、地上から栄養をもらって生き延びようとする姿が哀れであった。

　その腐った組織の一部に1本の樹木が生えかかっていた。ソメイヨシノの周りには多くのクスノキが果実を付けていたので、その種子が落ちて芽生えたのであろう。山などで腐朽した大木に、いろいろな樹木が生えているのを見たことはあるが、町の中の公園で、それも人通りが多い道路から手の届く場所のサクラに新しい生命が宿っているのを見るにつけ、ある種の感動を覚えるのであった。

　老樹が生命力を失う後を、別の植物が宿って自然の生態を受け継ぐのは、それなりに生物多様性の姿かと思い、こんな身近な場所にも自然環境の継続があるのを感じたのである。

　芽生えたクスノキがどのように生育するのか、興味を持っていつも観察していたが、2年ほど生きた後の夏の猛暑で命を落とした。残念であったが、次の芽生えが起きるまで、老サクラには頑張ってもらいたいと思った。

（F-6号）

　茨木市の住宅地に春日丘公園という市民公園がある。公園にあるサクラの1本が、バス停に近い通りから手の届く距離にある。
　古木にできた腐食部分のなかにクスノキの苗が生育していた。道に近いのでみんなに見てくださいといわんばかりであった。発見して2年ばかりのうちに葉が10枚ほどになり、どこまで成長できるのか興味があった。
　腐朽部の上方から気根が垂れ下がり、一部は地面に届いていた。生育場所が狭く、とてもこのまま苗が成木になりえないと予想したが、そののち乾燥で生命が絶たれた。
　腐敗した古木は山地では、そのまま土に還り次の生命を育てるための循環系を形成するが、その模式を手の届く場所で示していたのである。

19 | 短命な樹木

　ソメイヨシノは別項でも取り上げているように、春の自然を観賞できる貴重な樹木である。冬が過ぎて、まだ寒さが抜けきらないうちに人を野外に連れ出す名花なのだ。
　ソメイヨシノが植えられているのは、多くは公園などの有楽地であり、花を観賞するのに適当な場所が選ばれている。
　ある神社にあった木を見ていた時、花の観賞のついでに幹へも目をやると、そのほとんどが腐朽しかけていて、荒れた樹皮から樹液が溢れ、ひびが入ったりしていた。さらに、根元の方では大きな捻じれが起こり、枝の先端では腐朽がかなり進んでいるものが多かった。木の寿命は長くはなさそうだ。
　ソメイヨシノの寿命は80年ぐらいともいわれているが、自然交配の片親とされているオオシマザクラも比較的短命なので、その性質を受け継いでいるのかもしれない。
　短命になる原因の一つは腐朽菌が入りやすいからであるが、空気の汚れに敏感でもあり、都会や工場地帯には不向きである。また、ソメイヨシノのある場所が、観光地など人が集まるところが多いため、人に踏み固められた土壌条件が悪影響を与えるのであろう。土地が良好に保たれて根の発育に影響が少なく、空気も正常な場所ではそれほど短命にはならないようである。

（F-4号）

　これは近くの古い神社にあったソメイヨシノであるが、上部にある太い枝先が腐朽し、白いコケで覆われていた。一部の枝にはまだ生命力があって、そこから伸びた小枝には多くの葉が茂り、樹木の生き残りのために努力していた。この先、どれほど生命が続くのか分からないが、こうした末期の姿を見るのは悲しいものである。

　樹木はどれほどの寿命があるのかは分からないが、その樹木が実際に生活している場所での寿命と、十分に生活環境を整えられている場合の寿命とでは開きがあるはずである。

　前人が神社の環境を整えるために植えたであろうサクラなので、管理を怠らないよう見守ってもらいたかった。

20 逆さまのタコ

　スギは日本特産の樹木で全国に自生し、クスノキと並んで大きな樹木という認識が強い。最も古い木としてヤクスギが有名で、3,000年以上のものもあるようだ。

　スギは人工林として過密に植えられ、放置されていることが多いが、古来より利用度は高く、扱いやすい木として重宝され、また特有の芳香がその価値を高めている。その利用は材木としてだけではなく、樹皮を使って屋根を葺き、葉は線香にも使われる。

　こうしてスギは昔からよく使われたために、特定の地域では1本の株について伐採が繰り返され、株杉と呼ばれる独特の形態ができあがることになった。

　それはスギの木を何度も繰り返して伐採を行ううちに、複数の切り口に新しい芽が発生し成長していったものである。新しい幾つかの幹が再出発した場所が、地上数メートルの間に分散しているので、見方によっては巨大な怪物に化けたタコが逆さまになっているような錯覚を覚える。

　岐阜県関市にある21世紀の森公園には多くの株杉があり、現存している立派な株杉群として全国的にも珍しい。株杉の傍らに行ってみると、樹木のあちこちに別の着生植物が大きく成長していた。昔の生活が忍ばれる大切な文化遺産である。

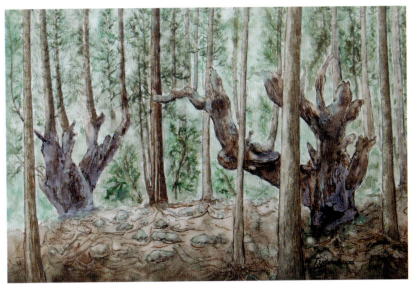

（四つ切り）

　平成10年に見た、岐阜県関市の21世紀公園にある株杉群である。この絵は、やや離れて存在する2本の木を少し近付けて構成した。

　近くに行ってみると、大昔の恐竜なのか、怪物なのか、と驚かされるような光景で、すごい迫力がある。この公園にはこうした株杉が100株以上確認されており、直径が1メートルを超すものが約30株あるといわれている。

　株杉の型には違いがあり、地上から離れた一つの台上に幹が群生するものや、数個の台から幹が立ち上がるものなどがある。現地の案内板によると、1株の上に成立する幹は平均6本で、20本以上のものもあると紹介してあった。太古の昔から、人々の暮らしや知恵を残している姿は、後々の人間にとって大切な文化遺産であり、財産となって人々の心を和ませる。

21 | 巨木の根

　巨木はさまざまな魅力を備えている。およそ100年を越している樹木というのは、まず現在の私たちより先輩である。また動物とは違う風格がある。巨木は昔から神様として崇められることもある。
　巨木を見るには深い森や山に分け入ることが多いが、住宅の近くで観察しようとすれば神社に行くのが良い。昔から鎮守の森というように、森の仲間である。
　私の住んでいる羽島市では、「銘木百選」といって市内の古い樹木をおよそ100個体選定している。多くの樹木が200年以上経ったもので、傍らに行くと木のオーラが感じられ、威圧感が漂う。
　しかし、市はその樹木を管理してはいないので、幾つかの木は病害や害虫などにやられて腐朽しつつある。
　市内のある神社に行った時、アラカシとみられる巨木の根が比較的きれいに掘り出されていた。おそらく台風で倒木し、根の部分が雨できれいに洗われたのかもしれない。これだけの大木の根が細かく露出したままに放置されているのは珍しい。
　巨木の根の状態がよく分かり、まことに興味深い。神様の裸を見たようなものだ。巨木の根の細部が巨大なタコの足のように伸びていて、地上部を眺めるよりも威圧感が強く、環境に打ち勝ってきた生物の歴史に圧倒される思いであった。

（F-6号）

　格好の良い樹木を見ても、その根がどんな様子なのかと想像してみることはあまりない。テレビで観賞用のカリンなどの立派な立体構造をみることがあったが、根部が観賞になることは滅多にないからだ。
　樹木の根は水分、土壌の固さ、栄養状態、風の強さなどに影響され、よい根を作るには水分、空気、栄養のバランスや、ミミズなど小動物と菌類などによって土性が良好になっている必要がある。
　この掘り上げられた根は、神社の深い森にあった樹木なので、人が立ち入ることも少なく、悪い環境にはなかったと思われた。
　伐採するのであれば、根から掘り出したりしないであろう。強風によって倒されたようで哀れである。

22 レンガで成長

　木は意外な力を持っている。木が住宅を破壊している場面を見たことがあるだろうか。木は物をのみ込んだり、強い力で押したり、持ち上げたりする。

　木はこのように時間をかけてすさまじい力を発揮し、また考えられないような物体をも生活の場にして栄えることができる。

　森林で植物の種子が岩に落ちて発芽すると、わずかに割れている隙間に根を伸ばし始める。割れ目は風雨や紫外線などによって脆（もろ）くなり、隙間が拡大するとともに、植物自身が根酸（こんさん）といわれる物質を分泌して岩石の破壊を手助けする。

　根酸というのは有機酸で、いろいろな種類があるが、土壌の酸度を調節すると共に、植物が鉱物から養分吸収ができるように鉱物を溶解し、また植物に有害な菌類を抑制する働きをする。

　例えば、高い土地と低い土地の間に仕切りがあり、その間がレンガの壁になっていると、高い土地の縁にあった植物はレンガに根を伸ばして養分を摂取しながら低地に降りてくる。

　私が見たのはイヌビワという樹木であったが、レンガ壁の四方に根を伸ばして1メートル余りの落差を降り切っていた。レンガは根に養分を吸収されて色が褪（あ）せ、その部分にコケを付けて崩壊しつつあった。

　根酸は自然ネルギーと歩調を合わせて生き抜く場所を可能にする。

（F－4号）

　三重県桑名市に六華苑という公園がある。旧諸戸清六邸で、和洋の様式を調和させた名園として国の重要文化財になっている。
　その一角にレンガ壁を降下する植物群があった。植物の習性を現す芸術的光景ではないかと感じたのである。
　コケが生えている場所は、決まって根の先が密着した場所のレンガだけであった。レンガの耐久性から考えれば良いことではないが、植物と構築物との生きざまを観察できる絶好の場面であり、見る価値があると思った。地上のイヌビワは何の変化もなく元気に生育していた。
　レンガは粘土に砂を混ぜた焼き物なので、意外と植物の根と相性が良いのかもしれない。古い建築は想像を超えた情景をつくるものである。

23 ｜巻かれた根元

　樹木の根は土壌中に広がって、必要な養分や水分を体内に送り込む。根は水分を求めて伸びていくので、幾らか乾燥している土壌の方が根の広がりが盛んになることがある。

　逆に沼地や湿地帯では土壌水分が多いので、根を張る必要が少なく、酸素が豊富な浅い部分にのみ根を張って生きている。

　根を張り巡らす空間が多いと根は広く活動できるが、活動範囲が狭い場合には動きが取れなくなってしまう。道路の隅に街路樹を植えるための狭い桝が設定してあるが、樹木の根がその中でのみ活動すると、どのようになっていくのだろうか。

　降雨が適切にあるような場合は良いが、そうでないと根は奇妙な行動を始めることがある。樹木は自分の根で自分の根元を巻き始めることがある。巻き付けた根は大きくなるに従い、自分の幹本体を締め上げてしまう。そこに傷口ができると腐朽菌が入って枯らす原因にもなるはずである。

　ある公園の中を歩いていると、狭い囲みの中にクロマツが植えてあり、その根元が木の根で巻かれていた。それはクロマツ自身の根で巻いたのではなく、巻いた犯人は同じ囲みに植えてあったクロガネモチであった。巻いた根はずいぶん太いので、切断するとクロガネモチの方に影響があるのかもしれない。

（F－4号）

　クロマツは幹の直径が20センチほどの太さで、近接のクロガネモチから伸びた根で巻かれていた。巻かれた帯に当たる部分がクロマツにめり込み、可愛いそうに思えた。
　マツの隣には、まだ幾筋かのクロガネモチの根が走り、狭い堅固な土壌の中での樹木群の苦悩が感じられた。根が切断されてもクロガネモチの生活に影響がでるかどうかは分からないが、そのような管理がなされる気配は感じられなかった。マツはまだ元気に生育していたので、こうしたことには慣れている、という感覚も感じられた。
　植物同士の絡み合いとして、フジの蔓が絡むことが多いが、その他に接触による合着などもある。上図は根部付近で起こった絡み合いである。

24 | 中空になる木

　タケ類は中が中空になっている。イネ科の植物はもちろん、イネもムギ類も中空である。イネ科以外の身近な野草では、キンポウゲ科のキツネノボタン、マメ科のクサネムやキク科のハルジオン、タンポポなども中空であるが、ヒメジョオンは中空ではない。

　木本類では「卵の花の匂う垣根に……」と歌われるウノハナ、つまりウツギが代表的な中空のある樹木である。ウツギの他に、ウツギ属やアジサイ属を含むユキノシタ科の植物にも中空がある。

　それ以外に、植物の名前には○○ウツギと名の付くものが多いが、スイカズラ科のものを中心に中が中空になっている植物は他にもある。

　樹木の幹が中空なのかどうかを知りたくても、公園にある木を折ったりすることはできないので確認は難しい。その点、すでに伐採された樹木を探して、中空になった古木を見つければよい。

　幹が中空になっているはずの植物でも、詰まっていることがある。枝が若い時には詰まっている場合がある反面、○○ウツギという名前がない植物でも中空になっているものがある。例えば低木のレンギョウは中が中空である。

　なぜ中空になる必要があるのかは分からないが、中空になっている植物は比較的背の低い落葉低木が多く、それらが小さな力で頑丈な体を築くのに必要な構造であるといわれている。

（F-6号）

　名古屋の東山植物園を散歩していると、道の傍らに幹に穴の開いた古木の切り株が見つかった。大きなものや小さなものがあり、それらがどんな樹木なのかすぐには分からなかった。

　周りをよく見ると、標識があり、スイカズラ科のハコネウツギであることが判明した。

　しかし、ハコネウツギは髄が詰まっていることも多い。ニワトコと同じように顕微鏡観察の切片作りに使用することがあり、中学生の頃それを利用してプレパラートを作成した憶えがある。

　ウツギなどは空洞になってはいるが、その材質はたいへん硬く、細く削ったものを加工して日用品を作ることがある。

25 | 山の枯れ木

　ヒノキは昔から優れた建材として重宝され、保存性や耐久性が良いことを理由に仏閣や神社を建てるのによく利用された。ヒノキで建てられた薬師寺や法隆寺の塔は、今でも見事である。

　岐阜市の金華山にはヒノキがあるが、近年になってその多くが枯れている。その様子は岐阜公園からも分かるが、ロープウエーで頂上へ上がる時、そのひどさに驚くのである。

　なぜヒノキが枯れるのであろうか。最近騒がれている酸性雨などの影響もないとはいえないが、金華山の場合は山が水成岩の隆起でできているために、大雨が降るとその上に積み重なった腐葉土を主体としてできた土壌が流されて、渇水期の保水力が不足するからではないかという意見もある。

　しかし、ヒノキが枯れている状態は全国的でもあるので、原因は特定できない。シカの食害によって木が荒れ、胴枯病や葉枯病などの病害も発生する。また、森林の伐採が放置され、管理が行き届かないと、木の間で起こる生育競争で衰え、耐久力が弱くなることもあろう。

　初夏になって金華山がツブラジイの花で満開に彩られる頃、その中に高く立ち上がっている枯れ木群の光景が目立つのである。

　観光で訪れる人たちが眺める、金華山の優雅な景色を打ち消す大きな要因となっているのは残念である。

（F－6号）

　金華山を代表するツブラジイの開花風景を背景にして、ヒノキの枯れ木が立ち並んでいる。左側のヒノキ群は一部の木が枯れつつあるが、右側から順に枯れ方が少なくなり、枯死が移行している感じである。

　ヒノキは生長してくると、混み合って中が暗くなる。すると下草が生え難くなり、ヒノキの生育に影響が出るだけでなく、土が雨で流されやすくなるので、生き物も貧弱になっていく。

　健全なヒノキを保つには「抜き切り」が必要であるといわれるが、金華山ではヒノキ群が岩の多い尾根地帯に多いこともあり、管理が難しい。

　なお、葉に見える緑色のヒバと呼ばれる部分は、若い茎の先端に当たり、枯れると褐色になる。

26 | フジ蔓の傷痕

　エノキの群落がある森にさしかかると、その1本の大木が見事に捩(よ)じ切られようとしていた。何者かによって巻き締められた傷痕はすでに崩壊していて、その周りにはさらに細い蔓が幾本もよじ登ろうとしているようであった。

　巻かれた傷痕は右巻きになっている。辺りにはフジ（ノダフジ）の木が数本他の樹木に巻き付いていたが、いずれも右巻きなので、大木を倒した犯人はそのフジに違いなかった。

　フジは公園などに植えられていることが多いが、ヤマフジと共に山林でも生育している。暗い森の中でも蔓が早い速度で伸び、付近の樹木に巻き付く。巻き付かれた樹木は、強く締め付けられて上から移行してくる養分が蔓の場所で遮られ、膨らみを作る。

　巻き付かれた樹木が枯死してそこに空間ができると、フジの大きな莢(さや)からこぼれ落ちた種子が芽を出し、幼木が次々と生育して四方八方に伸び、隣の樹木に取り付いていく。

　フジは総状花序のある可憐な花が咲く樹木として、古代から多くの歌にも詠(よ)まれている通りであるが、時には林業を脅かし、環境破壊の一因になることもないわけではない。

　しかし、フジは蔓の強さが重宝がられ、昔から綱や家具作りに利用されてきたのである。

(四つ切り)

　岐阜市畜産センターの山間緑地にあった風景で、フジ蔓の締め付けで崩壊したエノキの幹である。移行した栄養分で締め付け上部が膨らんでいる。

　樹木が植物などの蔓に巻かれると、樹木は蔓を巻き込もうとする。蔓は負けまいとがんばり、両者が捻じり合うようになる。

　蔓を外してやると、窪んでいても生きてさえいれば蔓の痕は復活するが、押しつぶされた形成層が死滅すると、この絵のようになる。

　フジ蔓の強さは見事なもので、生活にいろいろと利用されてきたが、昔の映画でターザンが森で利用した蔓もフジ蔓だったのであろう。

　野生植物の世界にも周囲に住む仲間同士の戦いが見られ、動物の世界を振り返ることになる。

27 街路樹の地図

　街路樹のある街並みは落ち着きが感じられ、植物が人間に声を掛けているような感覚さえある。街路樹は美観保持や風害・防火に役立ち、通行人の木陰作りにも役立っている。
　街路樹には多くの種類があるが、プラタナスは重要な樹種であり利用度が高い。プラタナスが街路樹に適しているのは、貧栄養の土地に生育でき、乾燥や湿潤にも強く、また落葉が遅いためである。
　普通、プラタナスと呼ばれているものには幾つかの種類があるが、日本にある多くはモミジバスズカケノキである。
　プラタナスは樹幹の直径が40～50センチの大木になることが多く、老木になると表面の樹皮が部分的に剥がれ落ちる。同じようなものに子ジカのような模様ができるカゴノキやツバキ、リョウブなどがあるが、プラタナスの模様は別格で、薄緑と白の部分が入り組み、その途中に茶色の表皮が残る。
　コルク形成層が部分的に作られていく過程を示すもので、白色部分が最も深く剥がれ、次いで薄緑、そして緑の順で茶色の部分はまだ剥がれていないところである。
　太い幹の表面に鮮やかな地図ができていると、その模様を観察するのがおもしろく、プラタナスの植えられた道を散歩する楽しみが増すであろう。

（四つ切り）

　剪定が行き届いたプラタナスの老木は、樹皮の模様が複雑で美しい地図状になる。この曲線感覚はほかにはない。

　街路樹の姿には落ち着きが必要で、普通は毎年剪定が行われる。剪定しないと、好き勝手に伸長するので日陰の効果は増すかもしれないが、鳥の糞害、強風や雪害による木の変形、あるいは交通の妨げにもなる。

　剪定作業は木の生理作用を整えるが、枝先の負傷により菌の侵入を許す恐れもあるので、処理後の手当てが必要だ。また、プラタナスは落葉時期が遅いが、落葉後の清掃作業は手抜きができない。

　葉が落ちた老木の幹は樹木が作った地図であり、山があり、川があり、谷や盆地があって、植物の芸術性を見せつける。

28 こぶの形成

　野外にある成木が、さまざまな場面でこぶを形成していることがある。街路樹や庭木などにもこぶがあり、森の中の木にも多い。

　街路樹や庭木などでは、樹木が自分に都合良く枝を伸ばしていくので、人間がそれを見かねて人間の好みに合わせる。樹木はその切られたところの傷を塞ごうとして周りの組織を盛り上げて膨れ上がる。

　こぶができると、そこにできた新しい芽から多くの小枝を伸ばす。その小枝や細枝がまた切られるということを繰り返すうちに、その部分がさらに盛り上がって大きなこぶになる。

　前掲のプラタナスなどでもこぶがよく見られるが、岐阜市の長良公園に行った時、アオギリの植えられている場所でそれが見られた。

　おそらく樹木の格好を整えるために枝が切られ続けて、こぶの多い木になってしまったのであろう。

　こぶができると、そこは病原菌が侵入し難くなるので、できたこぶの部分は採らないようにするのがよい。

　樹木にこぶができる原因は、剪定(せんてい)の他にもウイルス、細菌、糸状菌などが侵入して、ホルモンバランスを異常にすることで起こる。

　これらは庭木などよりも、山林で多く見つかる。野外の方が植物への外敵が複雑であり、また病害への管理が難しくて対応が困難なためである。

（F－4号）

　秋になって、岐阜市の長良公園を散歩している途中、アオギリの植栽地でこぶの木を見つけた。アオギリは樹皮が滑らかで、3～5裂した大きな葉が枝先にでき、剪定後にできたこぶと調和して美しい景色をつくる。
　これらのこぶは病原菌によるものではないが、山林などでは病原菌の侵入によるこぶの発生が多い。
　例えば、マツのこぶ病、スギのこぶ病、サクラの根頭癌腫病（こんとうがんしゅびょう）など重要な樹木が侵されてこぶを作ることがあるが、こぶを作る原因の生物が特定できない場合もあるので、対応は困難である。
　なお、この絵ではアオギリの幹が緑化している様子は明確ではないが、アオキと同じようにコルク形成層ができ難い特徴を持っている。

29 ｜乳のある枝

　イチョウの木は他の樹木と違って、かなり異なった形態を示す植物である。系統発生的に古い樹木で、2億年前の祖先が確認されている。

　古い時代から渡来していたようで、社寺の境内などに大木が植えられ、街路樹などにも活用されている。

　花が咲くのは4月頃で、雄花と雌花が開花する。雌株と雄株が別なので、受粉するには花粉が遠くから飛んでこなければならないが、1キロメートルぐらい離れていても受粉ができるといわれている。

　花粉は9月以降になってやっと精子を作り、受精して種子づくりが始まる。イチョウの精子を見つけたのは、日本人の平瀬作五郎（東京大学）であった。

　イチョウは老木になると枝から垂れ下がるようにできた乳房状の「乳」と呼ばれる突起（担根体）を作ることがあり、その内部は柔らかい細胞からできていて、でんぷん質を蓄える。

　イチョウの葉は扇型で、葉脈が付け根から先端まで伸びているが、途中で二つの方向に枝分かれを繰り返して平行に伸びて行く。葉の形については、切れ込みのあるものと、ないものとがあるが、剪定後にできた葉や徒長枝には切れ込みができやすい。

　葉に種子が付くオハツキイチョウといわれるものや、ラッパイチョウという、葉が筒状になるイチョウなどがある。

（F-4号）

　岐阜市の長良公園で見つけたイチョウの担根体といわれる乳房状の組織で、幾つかの乳房に似たものが垂れ下がっているのは滑稽でもある。

　内部の構造は材木の場合と異なっていて、多くのでんぷん質からなる柔らかい細胞からできている。特に雄株に多く見られる。

　ヤマノイモやコンニャクの食用部分などとよく似ており、茎から発生してはいるが、根とも茎ともいえない組織である。イチョウには、ほかの樹木と違って葉の形、種子の付き方、樹木の形などさまざまな変異体を見つけることができるので、楽しみが多い。

　担根体のあるイチョウを見つけようと思っても、簡単には見つからないが、雄株の古木を探すと発見できるかもしれない。

30 空の棲み分け

　森の中に入って空を見てみよう。木が茂っていると空が見え難いが、木同士が少し離れていれば、空の隙間が少しは見える。しかし、木はそれなりに上手に空を奪い合い、下にいる人間や仲間の植物にも青い空を満足に見せようとはしない。

　森にはコナラ、ムクノキ、カシ類、シイノキ、その他さまざまな樹木が生え、お互いに生存競争をしている。地中から摂取する栄養物の奪い合いもあるが、光合成で糖を生産するのには何よりも太陽の光が必要である。

　森の木は互いの生存圏が狭いので、自分の生活範囲の中で背が高くなるとお互いに触れ合うことになる。すると、葉は植物ホルモンの一種であるエチレンを分泌し、自分の生育を抑制してお互いの生育が成り立つようにしている。

　それでも上に伸び切った枝や葉群は、光を受けられるように広がっていくので、森の中からは空が見え難くなる。従って、下になった種類の植物の葉群は上に伸びられず、枯れて早く落葉することにもなりかねない。

　また、本来は強い光が必要な広葉樹たちも、苗時代を経過する時には陰樹的生活をするので、空の棲み分けは個体の種類や生育段階と微妙に関わり合っている。

（F-4号）

　森には幾種類もの樹木がある。その中で、樹高が高く光がよく当たる木は大きくなるが、小さな木は日陰になって生育し難い。しかし、大きな木でも周りの木に追い付かれると安泰ではない。
　また、森にはいろいろな事変が起こる。強風や積雪などが、倒木などの致命的な影響を大木に与えることがある。
　大木が倒れて上空の隙間が大きくなり、根が放り出されて土が盛られることにでもなれば、それまで抑制されていた小さい木が生き返る。空の棲み分けは、森の世代交代で変化していく。
　樹木の集団生活はお互いが共存できるよう助け合うかのように見えるが、そのために犠牲になるものもあるようだ。

31 | 幹の捻じれ

　幹や枝が捻じれているような樹木は珍しくないが、本当に捻じれているかどうかは近くに行ってみないと分からない。
　強い風をいつも受けていると、それに負けまいとして捻じれが起こり、歪(ゆが)みができる。
　外因によるのではなく、遺伝的に捻じれる性質の木もある。ネジキが代表的であるが、シャシャンボやザクロなども捻じれることがある。
　ネジキの樹皮を観察してみると、根元や枝が右や左に緩く巻いているが、それらが倒木して樹皮が腐朽して剥がれてしまっても、中の材が見事に捻じれているのを見ることができる。
　捻じれの観察はおもしろいが、ネジキには毒性があるので、同じツツジ科のアセビと同じように注意しなければいけない。
　樹木の捻じれをもう少し注意してみると、シデノキでは太い根と茎が螺旋状(らせんじょう)に組み合わされて強靭な幹を作り、力の加わる部分が特に太くなっていることがある。
　幹の四方から螺旋状に捻じれのある場合は、一定方向の根部が障害を受けても、それに繋がった方向の枝が枯れていくことが少なく、栄養を均等に分散して持ちこたえる。
　樹木の捻じれは耐久性を弱めているように見えるが、独特の耐久力の増大に繋がっている。

（四つ切り）

　岐阜市の金華山中腹にネジキの群落がある。この絵では偶然大きく曲がっているが、ネジキがいつもこのように幹が曲がっているのではない。

　捻じり方は、幹の部分や幹に繋がっているすべての小枝が捻じれていて、この絵では捻じれが左巻きになっている。

　人通りの多い場所でよく見る木の捻じれには、老木のソメイヨシノがあるが、木の耐久性が弱いのを捻じれによって強さを補強しており、遺伝的なものではない。捻じれに沿った向きの強風には耐えられるが、逆風に対してどうなるのか心配もある。

　ネジキは6月頃になると、前年枝に白い釣鐘状の花が下向きに並んで咲き、果実は上を向いて裂開する。

32 曲がる幹

　庭や公園に植えられているクロマツの格好を見ていると、いかにも日本の風景という感覚があり、ある種の安心感を覚える。

　クロマツはアカマツにくらべて見ごたえがある。土壌条件が良いと、葉への栄養の移行がアカマツより盛んなためで、そのかわり土壌条件が悪いと、アカマツの方が生き残りやすいという。

　マツ類の姿が見心地良いのは、その幹の姿に風格があるからである。茎がくねくねと曲がりながら、形を整えているのが何とも頼もしく見える。

　マツは先端が害虫に食われると、その側枝が上側に曲がって成長し、新しい主軸の幹になっていく。

　さらにマツが曲がりやすいのは、日当たりを好む性質が強く、少しでも日当たりの良い方向へと方向転換するからである。

　まっすぐ上に伸びているマツというのは、おそらく害虫の被害にも会わず、そのマツに日陰を作るような別の樹木にも邪魔されなかったからであろう。

　クロマツは潮風に強いので、海岸近くの防風林に利用され、庭木などにもよく利用される。

　最近は盆栽を楽しむ人が増えているが、マツの盆栽への活用は日本の誇るべき文化である。

（F-4号）

　マツは他の樹木が近寄ってくると、その枝を避けるように曲がる傾向がある。マツに限らず広葉樹などでも林の境に生える木は、幹が林と反対の開けた方向に傾いていることが多い。

　光がよく当たる方向に樹木の幹が向く例として、街中にある街路樹が家並みと反対側の道路側に傾く光景はよく見かける。

　特に、シダレヤナギの枝が、河川や池の水面に接するばかりに下垂している状況は、水面からの反射光を求めて枝が伸びて行き、ヤナギの姿をさらに美化している。

　大木になったマツの場合は、やはり幹が曲がって傾いていると美しく感ずる。まっすぐに空高く伸びたマツには感動が少ないように思う。

33 こもを巻く木

　冬にマツのある庭園に行ってみると、マツの幹の下の方にわらで編んだこもが巻きつけてあるのを見つけた。

　昔から見る光景ではあるが、マツ林といっても、そこにはアカマツに混じって広葉の落葉樹が多く植えられていた。裸木になりかけた落葉樹の傍らにある腹巻を付けたマツは、何か踊り子が特別に招待されているかのような奇妙さがあった。

　マツにはマツカレハという葉を食い荒らす害虫が存在して被害を与える。冬、マツカレハは冬眠するため木の上から下方へ移動し、地上の枯れ葉などに潜り込んで隠れようとする。

　木を降りる途中にわらで作ったこもがあると、それを隠れ家にして下まで降りなくても済むのである。

　11月になると、こも巻き作業が開始され、3月初めに外される。こもの上側は虫が入りやすいようにひもで緩く縛り、下側は虫が落ちないようにきつく縛る。外したこもは焼却するので、マツカレハは退治されてしまう。

　害虫防除は農薬の適切な散布で可能ではあるが、茂ったマツの葉に潜む虫に著効を期待するのはかなり困難である。

　こも巻きは、マツの近くを通り過ぎる観光客にも迷惑にならず、場合によっては見物の対象にもなるので、冬の行事になっている。

（F-6号）

　マツが防寒目的で腹巻をしているような格好である。この防虫方法は江戸時代頃から行われており、ケムシの幼虫を駆除するのに生態を利用した効率的なやり方として考えられてきた。
　しかし、この腹巻のようなこもの中にはマツカレハの天敵に当たるクモやヤニサシガメが多く入り込むので、害虫であるマツカレハの捕獲方法としては非効率であるという報告もある。
　そのため、こも巻きのされていない庭園もあり、別の害虫退治が模索されているようだ。
　このマツ林は、園の手入れが良いのかマツがほとんどまっすぐに上を向いており、こも巻きの姿がかえって松園の風情を醸し出していた。

34 | 繊維の生産

　樹木の葉の形に詳しくないと、その種類が何なのか分からず、森に入っても残念に思うことがある。

　しかし、ヤシ科の植物は比較的分かりやすく、特にシュロやトウジュロは古くから屋敷内にもあるのでよく知られている。

　シュロは最近では森や公園内でよく見かけるようになった。シュロの種子は、傷が付いたり、鳥の胃を通過すると発芽が良くなる。最近では鳥たちの食糧事情が良くなったためなのか、または発芽しやすい条件が増えているからかもしれない。

　シュロは幹の先端に熊手のような大きな葉を付ける。その葉柄の基部が幹に接するところが広がり、幹を抱くようになる。そして、その下側が暗褐色の繊維質に包まれる。

　この葉柄のある部分が腐食してできあがった繊維は、強くて耐久性があるので、昔から織り物やほうきなどに加工されてきた。

　シュロに似た樹種にトウジュロがある。シュロと比較して、葉柄が短く、葉の広がりが狭い。また、組織が硬いので、シュロの葉が途中で折れ曲がりやすいのに対し、トウジュロは折れ曲がらない。

　手入れのされていない林の中に入った時、長い手のような葉柄の先に枯れた葉をつけたシュロの林が見つかって、だらしのない奇妙さが何ともいえない不気味さを漂わせていた。

（F－4号）

　ヤシ科の樹木というと、熱帯にあるココヤシのような感覚が頭をよぎるが、シュロも何となくそのような雰囲気を持っている。

　シュロはココヤシのように高さが30メートル近くにはならないが、それでも大きく成長すると見上げるようになり、南国的雰囲気を漂わす。

　この絵は、岐阜市粕森公園の一角に存在するシュロ群の生育状況である。おそらく、自然に繁殖が進んで群を成すようになったのであろう。

　シュロはココヤシなどと違って耐寒性もあり、これからも生息域を広げる可能性があるので、近隣の広葉樹たちに影響がありはしないかと危惧した。

　シュロが野生化して繁茂すると、その管理に手が回らず、観賞価値をなくすようになるのではないだろうか。

35 棘のある植物

　棘のある植物は多く存在し、茎や枝に付くものとして、サルトリイバラ、サンショウ、ノイバラ、ボケなどがあり、ノアザミなどは花にも棘が付く。

　棘は発生源的に考えると、茎や枝が変形したもの、あるいは葉や托葉が変化したものといわれている。

　棘の多さを誇張して、トリトマラズ、ヘビノボラズなどという名前が付けられているように、長短無数の棘を持つ植物がある。逆に、中には棘の少ない食用に適したものもあって、畑に栽培される。

　里山のふもとを歩いた時、タラノキが栽培されている光景に出合ったことがある。タラノキは棘で茎が囲まれているが、中には棘の少ないものもあって、てんぷらにしたり、またアルミ箔に包んで蒸し焼きにしたり、おひたし、胡麻和えなど多彩な料理に応用される。

　タラノキはあまり枝分かれせずに大きく立ち上がり、茎の先端に大きな複葉の葉を付ける。夏には白い花が咲き、秋になると黒紫色の果実を付けるようになる。

　野生のものでは、棘が幹や葉柄に多くあって、クマやシカなどの野生動物から身を守っている。山野で人間がそれらを採取するにしても、先端の芽の部分だけに限定し、天然のタラノキが健全に維持されていくように心がけたいものである。

（F−6号）

　このタラノキは、畑に栽培されていた比較的棘の少ないものである。ちょうど複葉の先に付いた黒紫色の果実が鈴なりになって、風に揺らめいているところであった。

　栽培されているタラノキの棘は、カラスやヒヨドリからの防御に本当に有効かどうか分からないが、野生のタラノキの多数の棘は、野生動物からの保護に役立っているのであろう。

　棘のある植物は、その棘を自分の成長の補助手段に使うこともあり、例えば乾燥に耐える手段にもなっているという。

　タラノキの変種で、メダラと呼ばれる大型で棘の少ないものがあるが、それも同じように若芽が食べられる。

36 | 伐採木

　里山を歩くと伐採された木があちこちに放置してある。古いものは腐朽が進んでいるので、中の空洞が表皮の割れ目から見え隠れする。

　伐採木が崩壊していく過程は、基本的には木材の構造、リグニンの含まれ方、材内の可溶性成分、抗菌性物質、水分や炭酸ガス濃度、温度などさまざまな要因が影響する。

　例えば、空隙の大きい材では、空気や水分が腐朽菌に与えられやすいので腐るのが早くなる。また、菌が栄養にする糖質、でんぷん、脂質などの可溶性成分は辺材部に多く含まれているので、まず辺材部を腐らすことが多い。

　心材部は栄養分が貧弱であるし、抗菌作用のあるフェノール性化合物があるので、腐朽菌がいきなり心材部を腐らせるのは難しい。

　ただし、樹木を侵すにはさまざまな菌が存在するので、抗菌性物質を分解する細菌などが先導して木材を侵すと、そのあと木材腐朽菌が入って心材を腐らせやすくなる。

　こうした菌の行動は、腐朽菌の種類も含めてその樹木を取り巻くさまざまな環境が影響し、伐採木の腐朽への移行が成り立っていく。

　また、広葉樹と針葉樹を比べてみると、針葉樹の方が腐朽し難いが、それは針葉樹に含まれるリグニンの方が分解され難いためといわれている。

（F−6号）

　犬山線の沿線にある鵜沼の森に出かけたことがあった。小高い山道には、さまざまな樹木が立ち並び、倒木や伐採木があった。
　その一つにヤマザクラの伐採木があり、樹皮のすぐ内側の辺材部が腐朽していた。ちょうど竹輪の中に太い割り箸が差し入れられているかのようで、奇妙な格好であった。
　ヤマザクラはソメイヨシノと違って材質が硬い方であるが、伐採されたために、長年かかって腐朽していったのであろう。この伐採木も徐々に心材に向かって腐朽が進行すると思われる。
　森林の樹木は厳しい環境に置かれているので、いろいろな障害にあいやすく、腐朽が進みやすい。そして、それが次世代の樹木育成に繋がっていく。

37 地表を這う根

　古くから存在する名園に行って樹木のある場所に立ってみると、古い多くの樹木の根が群れをなして浮き出ているのを見る。
　訪れる人の多い庭園ではどうしても土が踏み固められ、硬く締まってしまうからであろう。
　硬い土では、新鮮な空気や水が土壌の深いところまで入ることができず、根はやむなく空気の多いごく浅い層で生活しようとする。
　落ち葉があっても、それが常に取り除かれるような場所では、根が住みつこうとする空間が除外されるので、ますます露出しやすくなる。
　名園といわれる場所に地表を這う根が見られやすいのは、そんな理由があるからではなかろうか。
　樹木の根が健全に生育するには、水に溶け込んだ空気から水とともに酸素を取り入れる必要がある。そのためには土の中の深くまで小さい隙間がたくさんないと健康な生活ができない。
　このことは逆に言えば、谷や湿地などにある樹木は、いつもそこに空気がたくさんあるので根を深く張る必要がなく、また土が硬くはないので根は浮き出ずに浅い層に根を張ることになる。
　土が硬く、地表を走る根群が多いと、その雰囲気が名園らしく貫禄がありそうに見えるかもしれないが、そこを歩く訪問者に踏み込まれ、傷ができて、木の寿命を早める可能性がある。

（F-4号）

　訪問者の多い大きな古い庭園でよく見られる風景である。この絵の樹木はアラカシで、初冬の頃のことであった。

　常緑樹ではあるが、風通しの悪い場所にあったので、枯れた葉が溜って動かず、庭園の気分を高める雰囲気があった。

　地上に偶然姿を現した根群ではあるが、このように太根や細根、あるいは窪みがあり、谷ありの姿で変化に富むと、地表を這う根群自体が庭園の名物になってしまう。それが緑のコケの中に、浮かぶように存在するので、さらに芸術的感覚を高める。

　ある雨の日に、地表を這う根の多い公園に行ったところ、水たまりが多くて歩行に苦労しそうであったが、根の上を通ることができて助かった。

38 ｜茎の遊泳

　傍らにある樹木が地上から立ち上がっていなければ、蔓の群れは寝そべったまま地表面での遊泳を繰り返していたであろう。

　フジの茎は近くに樹木があると、それに巻き付きながら上る。名古屋市の東山植物園に行ったとき、フジの茎がクルクルと旋回しながら空中遊泳をしていた。

　フジは発芽してから、初めは地表面を這いまわっていることが多いが、そのうちに勢いのある蔓が伸びてきて、横や上の方に向かいながら傍らの木に巻き付く。フジの茎が隣の木の枝を離れて、自分勝手に空間を散歩するのは不思議という他はない。

　なぜフジが空中遊泳をしているのだろうか。勝手に想像すれば、蔓が巻いていた枝が弱い枝であったために、巻かれた枝が折れて欠損し、蔓から離れてしまったのかもしれない。そうして運よく隣の枝に到達したのであろうか。

　あるいは、一定の場所まで巻き付いた後、何らかの原因で次の支えに到着できず、しばらく空間をさまよわざるを得なかったこともあり得る。その後、風などの助けで枝に到達したことも考えられる。

　自然界の不思議な現象は、単純そうに見えることでも本当のことは分からない。もしかしたら、フジの蔓もたまには他者に頼らず、自立行動がしたくなったのであろうか。

（四つ切り）

　フジの蔓が自分で勝手に巻きながら遊んでいる。それでも、さすがにフジらしく右巻きになって遊泳しているのである。

　かなり上方から茎が分かれているので、途中で何か事故があったのかもしれない。それにしても、他の太い枝に巻き付かないで、細い枝を渡り歩いているように見えるのは滑稽である。

　すでに季節は晩秋である。それまではもう少し葉が茂っていて、フジ蔓の綱渡りが見にくかったかもしれないが、これからは通行人の興味をそそる風景になるであろう。

　植物園として管理されていても、自然の森が基盤になっているので、植物は予想外の姿になる。それを観賞できるのも貴重である。

39 | 生存競争

　一人で生活している樹木は四方から太陽の光をあびて悠々と生育しているであろう。

　仲間と離れて寂しく生活しているのかもしれないが、養分も十分に吸い上げて枝や葉群を満足につけ、体も頑丈になって貫禄がある。

　一方、森の中の樹木は周りに仲間がいるので、いざという時に連帯性が発揮されるような感じであるが、お互いに太陽の光や養分の奪い合いが激しく、十分に長生きできないのではないだろうか。

　森の木を見ていると、お互いがまっすぐに上へ伸びず細くなっていて弱々しく、また木同士はお互いに背丈がほとんど同じである。仲間同士の生活圏争いがどんなに厳しいものかは、独り立ちの樹木と比べると一目で分かる。

　枝も上の方だけで下方にはないことが多く、太陽の光も十分に確保できないのである。

　そのような樹木は台風など自然の脅威にも弱く、幹の軟弱化や損傷で病害や害虫への抵抗力も弱いであろう。森の中に入ると、あちこちに存在する倒木とその腐朽のありさまは、森に育つ樹木群の脆弱(ぜいじゃく)さを示すもので哀れである。

　古い森は遠くから見ると、植物群で生活する逞しそうな感覚があるが、中に入ってみるとその力の限界を感ずることができる。

（F−4号）

　岐阜市に粕森公園という里山風の公園があり、その一角にコナラが群落をつくっている場所がある。

　森の中に入ると、やや薄暗い中にコナラが立ち並び、ひしめき合っているので、上を見ても空が十分見えない。コナラの幹は曲がりくねり、お互いの樹木が森の空間を奪い合っているかのようである。

　コナラといえば、日当たりの良い場所を好み、地面からまっすぐに伸びた黒っぽいしなやかな感覚があるが、ここにあるものは弱々しかった。ところどころで地味な紅葉が始まり、地表にはわずかにドングリの姿が見えた。

　森の中の細い樹木が互いの生存をかけて、競い合い、または助け合って生きていく有様は、人間同士の生活と照らし合わせることができる。

40 枯死する竹藪

　タケにはハチクやモウソウチクなど種類が多いが、モウソウチクは稈(かん)が太くなり見栄えのするタケで、タケノコの発生する時期も早く、食用にも利用されるので親しみがる。
　モウソウチクの竹林はいたる所で見られるが、竹林が公園として管理されている場所以外は、多かれ少なかれ病害に侵されて醜い様相を呈している。
　山林の管理が行き届かず、人工林に衰退の気配があるなかで、竹林もまた無残な姿を見せているのである。
　タケの病害にはさび病、ごま竹病、すす病など幾つかの病害があるが、一際目立つのが天狗巣病である。天狗巣病はごく小さなは葉を付けた細長い枝が一か所から激しく発生する。放置しておくと、褐色になりタケも枯れていく。罹病部からはカビの胞子が風で飛散し、他の竹に感染して広がる。
　私の家の近くにある堤防沿いの広大な竹藪群も、おそらく100年程度放置されたままであり、今では天狗巣病の発生で乱れきっている。
　竹藪は根が張っていて、地震が起きた時の逃げ場にはなる。乱れた竹林を整理すれば立派な景観をつくれる可能性があるし、災害時の避難場所にもなるだろう。公共事業として取り上げ、地域の人々の憩いの場所にしてもらいたいものである。

(F - 6号)

　いろいろな種類のタケ類が堤防の近くや川沿いの場所に植えられている。おそらく網の目のように張り巡らされる地下茎が、避難場所として利用され、河川の護岸としての機能を期待されていたからであろう。
　タケは樹木と違って成長が極めて速い。タケは内部が中空なので、タケノコは提灯を畳んだような状態で節が重なっている。いざ成長する時には、この複数の節が生長エネルギーの発祥点になって一気に伸長する。
　こうした効率的な成長が防災効果の材料として、重宝されたのかもしれないが、枯れ放題にされていては景観をも害する。
　このような広大な竹林が荒れるままに放置されているのは本当に困りもので、有害生物の住みかにもなるし、防犯上も心配である。

絵画編

葉

41 初夏の森

　初夏の森は生命の再出発の場である。昆虫などの小動物をはじめ、越冬していたあらゆる動物が姿を現す。

　そうした動物たちの生存圏を形づくり、お互いの生物が共存できる場所を提供するのはやはり植物である。その中でも、誰もが認識しやすく肌で感ずる植物は樹木であろう。

　初夏の樹木はまことに清らかで賑わしい。落葉樹は新しい葉をつけて成長し、常緑樹も葉を新しく伸ばして古い葉を捨てる。

　暖かい太陽の光が樹木を包んで、葉の同化作用を促進させる。その時、人間の目には樹木の美しい色彩の誕生が焼き付けられる。

　樹木は葉を舞台にして、太陽光、水、二酸化炭素から酸素、水、ブドウ糖を作り、ブドウ糖はさらに複雑な有機物に仕上がっていくが、その反応の大きな担い手は、クロロフィルと光合成を補助する色素群である。

　クロロフィルは青紫光と赤色光とを良く吸収し、緑や黄は反射や透過するため、人間の目には葉が緑色に見える。クロロフィルは葉の成長と共に消失し、他の色素が合成されて、さまざまな色が植物の葉を彩色する。

　初夏は緑を中心にした色彩群が自然を舞台に踊り出し、人間が新しい生活に乗り出すより良い環境をつくりあげる。

（F−6号）

　ある里山の初夏の風景である。おそらく自然林といえる山ではなく、古くからさまざまな樹木が植えられた訪問者狙いの山林であろう。

　そのおかげで、初夏の景色に調和が見られ、広葉樹や針葉樹などの芽吹きがところ狭しと謳歌している。手前にはすでに開花している低木もあり、新緑と花群がバランスある様相を呈している。

　手が付けられていない自然林の場合には、野生味が豊かであるが、観賞価値としては限界があり、樹木間の調和が保たれずに樹木相互の日照の争いで樹種に片寄りが見られたりする。

　初夏とは、樹木が新しく再生した里山で、鳥や昆虫が謳歌するのを楽しみながら、自然を満喫できる極めて贅沢な時期なのである。

42 紅葉の森

　紅葉の景勝地は全国あちこちにあるが、その多くはカエデの存在とそこにある神社などが調和する位置付けになっている。

　秋も深まったある日、名古屋市にある東山公園に行ってみた。11月の末であったが、カエデの紅葉を観賞するには最後の時期であった。

　万葉の散歩道では、朱色や薄紅色の枝の房がトンネルのように谷を作り、その艶やかさは言葉に表現できないほど美しかった。

　カエデ類が紅葉を代表するのかどうか確信が持てないが、カエデは種類ごとにいろいろな色合いに染め分けられ、組み合わされて観賞できるのでありがたい。

　紅葉の色は主としてカロテノイドとアントシアニンである。カロテノイドはもともと葉に含まれているが、秋になるまではクロロフィルの緑に隠されて表に出ない。秋になってクロロフィルの分解とともに出現する。

　アントシアニンは秋になって葉に離層ができ、移動できなくなった糖が原料となって、温度と光の条件が適合すると作られる。昼夜の温度差が大きく十分な光が必要であるが、さまざまな酵素作用の発現によっても色合いが変化する。

　黄色や紅色とは違う褐葉も現れるが、これはタンニン性物質などの酸化物によるようで、紅葉化が不十分な時に出現する。

(四つ切り)

　名古屋市東山植物園の紅葉である。カエデの種類が多いので、その他の樹木の色との調和にまとまりが広がり、観賞価値が高い。
　イロハモミジ、ハウチワカエデ、イタヤカエデ、ヤマモミジ、ウリハダカエデなどで、絵の左側のタカノツメの黄葉がカエデの朱色と相まって、紅葉の美しさを引き立てているとともに、付近の緑葉が味を添えている。
　カエデ群の傍らには大きな奥池があり、そこに映る合掌造りの家と紅葉が調和して、秋の劇場を演出する。紅葉期には楽しい行事も組まれており、家族連れの観光客が多い。
　春の新緑も美しいが、晩秋に現れる自然の変化は人間の感覚を転換させ、新鮮な生活感をもたらしてくれる。

43 │ 高い山の紅葉

　カエデの紅葉は春のサクラの花と並んで、日本の自然がつくる文化である。カエデの紅葉の名所は全国に散らばっているが、それぞれに場所特有の風情があって興味深い。

　日照時間が短くなり、温度が下がってくると、落葉樹は葉を落とす準備を始めるが、見方を変えれば、紅葉とは落葉する前の人間に対するサービス演技に見えなくもない。

　紅葉を取り仕切る色素の主体はアントシアニンで、これには幾つかの構造が異なる種類で存在し、これらが樹種ごとに他の補助的要因と組み合わさってさまざまな色を発現する。

　紅葉はサクラの開花と逆に進行してくるわけで、北の方角や高い山の上から進み始める。

　高い山の間を車で移動して紅葉を観賞できる有名な例として、例えば日光のいろは坂などがあるが、昭和52年に石川県白山市の尾添地区から岐阜県大野郡白川村まで開通した白山白川郷ホワイトロード（旧　白山スーパー林道）は、その時期になれば、まさに圧巻の紅葉が見られる。谷川を挟んで高くそびえる晩秋の山は、迫りくる寒さに備えて生きるための支度に追われていた。

　紅葉は山頂から下に向かって降りてくるため、11月はじめには上の方はすでに樹木の葉が落ちて裸木に変わっていた。

（F－6号）

　白山白川郷ホワイトロードから眺めた山の紅葉である。山の全体を黄色や紅色の葉が覆い、山頂はすでに葉の落ちた裸木で占められていた。

　10月を過ぎた頃から紅葉が目立ち始め、三方岩の頂上など高い場所から華麗な色彩が下方に進んでいた。

　ヤマモミジ、ナナカマドなどの紅葉と、ブナ、ダケカンバなどの黄葉が相混じって、高い山しか見られない日本の山岳芸術をつくりあげる。

　紅葉は、後方の高地に裸木林をつくりながら降下する。遠くには白山や立山連峰を望むことができ、晩秋の秋が楽しめる。

　高山の秋は、色彩の変化が速い。山の上から紅葉がずり落ちるかのように下りはじめ、紅葉の舞台が幕を開ける。

44 蔓草の紅葉

　森や林を散歩する理由の一つは、そこに何かこれまで見たことがないような野草や、奇妙な生態があるのを期待したいからである。新鮮に映る場所があれば、その状況をスケッチする。

　人の出入りが多い里山でも、意外に自然の魅力を発揮している例として蔓草の紅葉がある。

　蔓草には木本性と草本性があって、例えば木本性にはアケビ、エビヅル、サネカズラ、アオツヅラフジなどで、草本性はカラスウリ、クズ、ヘクソカズラ、イシミカワなどがある。

　蔓草にはアケビ、カラスウリ、ヘクソカズラなどのように美しい花や果実を付けるものが多いが、その紅葉も見逃せない。

　エビヅルなどは特によく目立ち、紅、赤、黄、茶などの色彩が葉ごとに変化を付けながら色付く様子は、飽きのこないような誘惑感を漂わせている。

　カラスウリの葉も魅惑的な薄黄色に染まり、朱色の果実と調和した様子が発現される。青い果実が時を経て黒くなっていくアオツヅラフジの葉は、すでに柔らかい感じの薄緑に染まり始めていた。

　これらは、冬が近付いてくると、落葉後に濃い色になった果実だけを蔓に残し、後を次世代を担う種子に任せて、冬の寒さに身を託すことになるのである。

（F－6号）

　この絵の中で紅葉しているのは、紅色のエビヅル、黄色のカラスウリ、縁が黄色で薄緑のアオツヅラフジである。

　紅葉として派手なのはエビヅルで、種子が黒く熟して葉や茎には淡紫色の毛がびっしりと生えるので、エビに見えなくはない。アオツヅラフジも種子が熟すと、青から黒い房になって黄葉の傍らに寄り添う。

　エビヅルもアオツヅラフジも複葉なので、ツタと同じように、落葉する時はまず葉身部分が先に落ち、後から葉柄が落下する。カラスウリは黄葉とは別に、大きな果実が美しい朱色に染まる。

　公園や高山にある紅葉の遠景も心を和ませるが、手に届く距離にある蔓草が示す紅葉の美しさも新鮮な感覚がある。

45 | 変幻自在の葉

　同じ株の植物の葉は、普通はどれも同じ形のものが多いが、中には幼苗期と成長期で若干葉の形が違うものや、ヒイラギのように晩年には尖った葉が丸くなってしまうものもある。
　しかし、同一株でありながら同じ成長期に、生育する部位によって葉の形が3種類や4種類のまったく異なる葉型を示す植物は珍しい。
　ツタはそのような植物である。ツタの葉というと、1枚のまま三叉状になった掌状葉が連想されるかもしれないが、中には完全に3枚が分かれた小葉複葉があり、それに全体に丸みを帯びた単小葉もある。
　生育途中で栄養が乏しい状態の時や若い葉には三小葉複葉が、栄養が良好な時には掌状の単葉ができ、そこから伸長する徒長枝には丸みのある単小葉が付く。その上、中には三小葉複葉のうち、1枚が欠けた二小葉複葉が出てくることもある。
　ツタの葉は見かけ上の単葉と複葉があるが、実際にはともに複葉である。それは落葉する時、葉のすべてが葉身と葉柄の境目で離れ、数日後に葉柄が落ちるからで、それが複葉の証明になる。ヤブガラシ、エビズル、ノブドウなども同じである。
　ツタは這い上がる時、葉と向き合って巻きひげが付くが、その巻きひげは茎の主軸であって、脇芽が生長していく植物である。なお、ここでいうツタとはブドウ科のツタで、ウコギ科のキヅタではない。

（F－6号）

　この絵の葉はすべてツタの葉である。株によって紅葉期が若干異なるが、同じ種類のツタで、下から上へと這い上がっている。
　このように、同じ時期にいろいろな葉型ができる植物は他にあまりない。
　アキノノゲシは葉の切れ込みに変化があるが、型の区別が不明確であるし、園芸植物のアサガオの葉の変化は品種改良なので意味が違う。野草の中に環境によって若干葉形が異なるものがあるが、大きな差ではないと思う。
　カイズカイブキの針葉の出現や、イチョウの葉の切れ込みなどは先祖返りといわれ、遺伝的な発現である。
　ツタはフジやクズのように、光を求めて高いところへよじ登るので、葉の様子がよくわかる。

46 | 針葉樹の落葉

　葉の種類で樹木を分けると、針葉樹と広葉樹があるが、その他にタケなどの単子葉類もある。針葉樹とは針状の葉がある木であるが、通常は鱗片状の葉を持つものも含め、マツ、ヒノキ、イチイ、スギ、マキ、イヌガヤ、メタセコイアなどが針葉樹といわれている。

　マツ、スギ、ヒノキなどの葉は厳密には葉とはいえないが、これらは秋に一斉に黄葉しても落葉することはない。

　しかし、針葉樹といわれているもので立派に黄葉して一斉に落葉するものがあり、日本古来のカラマツ、中国原産のメタセコイア、スイショウ、北米からメキシコ地方原産のラクウショウなどがそうである。

　日常的な感覚で、針葉樹は黄葉して落葉しないと思っているのは間違いである。ただし、スギやヒノキは冬が近付くとアントシアニンができて紅葉することがあるが、春には元の緑葉に戻る。

　メタセコイアは20世紀半ばになって中国の四川省で発見され、その後、日本にも植えられ、現在では全国各地に広がっている。古木になると、高さが35メートル、直径が3メートルにもなり、樹皮は赤褐色で縦に裂けるようになる。

　枝は普通斜め上方に向かうが、老木になると枝が斜めに下がって貫禄が出てくる。公園や街路樹などに端正な姿を見せて、並木をつくる姿は葉の有無に関わらず、付近の環境を引き締めている。

(F-6号)

　岐阜県畜産センターの里山に生息するメタセコイアである。あまりに大きく、枝も斜め下がりになっていたので樹種を疑ったが、近付いてみて確認することができた。
　遠方に薄緑で多数見えるのはスギであるが、それを見下ろしているかのような雄大な雰囲気があった。
　時期は11月頃であり、葉群の中には褐色に成熟した球果が多数見られるが、繁殖の手段としては枝の挿し木で行われる。成長が早いので、わが国ではあちこちに植えられている。
　メタセコイアは化石からその存在が分かったもので、その後に中国で生きた木のあることが発見され、「生きた化石」として知られている。

47 葉の交代

　秋に山道を通ると、紅色や黄色に染まった葉がヒラヒラと舞い落ちる。山の小道は色鮮やかに染め上がり、錦の絨毯を敷き詰めたようになる。一方、同じ落葉樹で葉が褐色に枯れてしまってもすぐに落ちないで、冬の寒風に引き裂かれるように落ちていく葉もある。

　落葉樹ではなく、常緑樹の方は主として春先に落葉する。木によっては、その落葉の仕方が劇的なので、特徴のある名前が付けられた。

　ユズリハといわれる植物がそうである。秋には落ちなかった葉が年を越し、春になって新しい芽が開き始めると、それに代わって古い葉が落ちる。古い葉と新しい葉の入れ替えが、初夏になって行われるのである。

　そのように春に葉が入れ替わるのは、他の常緑樹でも同様であるが、例えばサンゴジュなどは、いつも目の前で見ている庭木なので、その葉の交代には目を止めざるを得なかった。

　春になって芽を吹いた葉は、毎年、サンゴジュハムシにずたずたに侵害されるが、その虫がやって来る少し前に古い葉との交代がある。

　赤っぽい新芽が重なるように伸び上る頃、古い葉たちは束になって落葉していく。

　その落ち方は、秋にヒラヒラと舞い落ちるような落葉ではなく、厚みのある重そうな葉が、ポトリ、ポトリと音を立てて落ちていく。

（F−4号）

　サンゴジュの小さな新葉と落葉寸前の古い葉群である。サンゴジュに限らず常緑の広葉樹が庭木にたくさん植えられていると、春の落ち葉集めは大変である。毎日、地面に重い落ち葉が分厚く堆積するので、それをかき集めると山のようになる。
　ユズリハの場合は、互生する葉群が枝の先端に集まるので落葉が目立つが、サンゴジュもそのような傾向がある。
　私の家の庭には、他にクロガネモチ、アラカシ、シラカシ、タブノキなど春に落葉する常緑樹が多いので、庭掃除は楽ではない。
　サンゴジュは秋が近付く頃、丸い赤く熟した果実が房になって垂れ下がるので珊瑚樹といわれる。

48 ｜ 白い葉裏

　山にあるシダの仲間は種類が多く見分けが難しいが、ウラジロは誰にでもそれと分かる。お正月になると、しめ飾りや鏡餅の飾りに使われるからである。

　このウラジロの葉の成り立ちを分かりやすく解説するのは難しい。やや専門的になるが、二回羽状複葉の葉が、毎年１対の羽状として積み重なっていくスケールの大きな葉ということになる。

　１枚の広い葉を葉身というが、その１枚の葉身が幾つかに分裂して小葉といわれる部分から成り立つ１枚の葉のことを複葉という。

　その葉の中央を通っている軸が葉軸であるが、その左右に小葉がいくつも並列しているものを羽状複葉という。次に、その羽状複葉の幾つかが、さらに別の葉軸に形成されて１枚の葉を作っているのが二回羽状複葉である。

　ウラジロはその二回羽状複葉が左右一対の葉片になって形成されるが、その分かれ道になる中央の部分の芽からは葉柄が伸びて、新たに一対の二回羽状複葉ができて積み重なる。それがどこまで積み重なるのかは、はっきりしていないが、日本の場合は３段ぐらいで止まることが多いようだ。そして、それらの全部が１枚のウラジロの葉である。

　ウラジロの名前はその小葉の裏側が、葉から分泌された蝋物質で白くなっているからである。

（F-4号）

　岐阜市畜産センターの里山に生えるウラジロの群生である。古い葉は枯れていくが、新しい葉が次々と芽を出すので絶えることがない。
　葉裏は白いが、表側からはそれが見えにくいので一部しか見えない。
　多くの株が折り重なっているので、葉の色もいろいろであるが、ウラジロの羽が伸びて行く基本になる姿が示されているのは、軸の左右に葉が付いている中央から右側に描かれた二つの姿である。
　その葉の分かれ目の中央部分に芽が存在し、次の段階へ成長していくことになる。
　里山のウラジロ群を見た時、同じような葉でありながら、老葉になったものから、生まれたてのものまでが入り混じる光景に感動した。

49 葉から吸う酒

　盛夏になって水田に咲くハスの花は、この世のものとも思えないほど美しく、凛として輝いている。花の寿命は短く、温度によって開花日数が変わるが、3〜4日ぐらいは観察できると思われる。
　ハスの花は4、5枚の萼片と20枚程度の花弁が重なった見事な構造になっている。
　ハスの葉は、表面に密生した短毛があって水をはじくので、葉にたまった水は体内から出る水蒸気で絶えず動いている。葉に連なった葉柄の中には大きな穴が4個開いていて、葉から空気を吸い込んではレンコンが育つのに役立てる。
　ハスの葉を葉柄から切り取り、葉を水中に浸して葉柄の切り口から息を吹き込むと泡が出る。葉と葉柄が連絡しているからである。
　この性質を利用して「象鼻杯（ぞうびはい）」という催しが行われる。ハスの葉の葉柄を長くして切り取り、葉上にお酒を注ぐ。垂れ下がった葉柄の切り口に口を当てて強く吸い込むと、ハスの味がする酒が吸い込まれる。
　大阪の万博記念公園で行われるその行事は有名であるが、ハスが栽培されている大きな公園や寺院で催されることがある。
　ハスの葉を観察すると、葉の上と下には突起があり、葉の中心から出た葉脈は、葉頂に向かうもの以外は二つの方向に分かれる。そのため、葉頂の位置の見分けが付く。

(四つ切り)

　大阪府吹田市の万博記念公園で行われていた象鼻杯の模様で、平成10年頃に参加したことがあった。

　葉上の酒を葉柄の切り口から吸い込むには、吸引力を強める必要があるが、暫くしてほんのりとしたハスの味がする酒が口に入り込む。いまでも大変人気があり、長い行列ができている。

　行事が続くとハスの葉が大量に消費されるので、年ごとの催しが大丈夫なのかと少し気になったが、女性も含めてたいへん評判が良く、催しへの期待が大きいようであった。

　この絵は、平成26年に、羽島市水彩画サークル展に出したが、この場所についての問い合わせが多く寄せられていた。

50 ｜青い景色

　岐阜市を流れる長良川を金華山の頂上から眺めてみた。その日はよく晴れわたり、西風が強かったためか遠くの山波や川が鮮やかに見えた。

　金華山は高さがおよそ330メートル程度であるが、頂上から北側を見ると、遠くの山波の間には、はるか遠景にある関市までもがかすかに見渡せた。

　晴れた日に遠くの景色を見ると、普通は青く見える。特に山や川は青く見えることが多い。海もそうである。条件によってはどんな場合でも青く見えるわけではないが、多くはそうなる。

　遠くの山が青く見えるのは、太陽光が空中の微粒子に当たって散乱する時、波長の短い青色がよりよく散乱しやすいためである。川の色も同じで、不純物の少ない水ほど小さな散乱で青が美しい。

　近くの山でも同じように青味がかって見えるが、山から発生する微粒子が高い密度で浮遊していると、青がよけい引き立つといわれる。

　その微粒子はフィトンチッドという植物が体外に出している化学成分で、植物にとって有害になる病害や害虫などから身を守るための保護物質でもある。

　それは人間にとっては程よい刺激剤となり、リラックス効果、脳波の正常化や目の保護などにも良い効果があるようだ。このように、山の青さも植物の葉が出す分泌物が関与している。

（四つ切り）

　岐阜城がある付近から、長良川の上流と遠くの山々を描いた。遠くの山波も青く美しいが、長良川の美しさは何と清らかなことであろうか。水に濁りがなく、本当の清流であることをよく示している。
　2014年、旧城下町とともに金華山を含めたこの一帯が国の重要文化的景観に選定され、その1年後には「清流長良川の鮎」として世界農業遺産に認定された。金華山や川と水源林が作り出す里川システムが、人の心を揺り動かすのであろう。いつまでも美しい鮮やかな青い自然が、感動を与えるよう守りたいものである。
　長良川、鵜飼い船、金華山と周辺の山々が、青色の背景を作って景色に溶け込んでいる有様は、まさに環境の芸術作品である。

絵画編

花

51 | 花の集まり

　付近の公園で見るサクラは、そのほとんどがソメイヨシノである。稀にはヤエザクラやシダレザクラもあるが、古木で一重のサクラというと、まずはソメイヨシノと決まっている。

　オオシマザクラとエドヒガンの雑種といわれ、江戸の染井村で発見された。葉が出るより早く一度に開花するので、その華やかさに魅せられるのである。

　サクラの花を見るのを昼間に楽しむのも良いが、夜桜の観賞というやり方もある。木に咲く花を見るのに、夜になってからの見方があるのはサクラぐらいのものであろう。

　それはサクラの花の咲き方に特徴があるからだと思う。サクラは冬の寒さを越すと、一斉に枝先に小さな花が束になって咲く。特に一つの芽から多くの花が現れ、集合したグループとして波のように咲く。

　夜になって薄明かりの中で浮かぶ花は、大小の波が重なり合っている。サクラの花の下で飲食の限りを尽くすのは、花を稲穂の波と見立てた騒ぎが、豊年満作に繋がるからなのだそうだ。

　ウメの花とはそこが違う。サクラの花一つは個性的ではないが、集合体としての個性を持つ。しかも慌ただしく咲いて、あっさりと散っていくその風情が人々を引き付け、日本人の心の中に染み込んでいる。

　古謡にある「サクラ」は心の故郷をひもとくものである。

（F-6号）

　岐阜市の清水緑地に咲くソメイヨシノである。JR岐阜駅からすぐ近くの場所で、公園の入り口から清水川に沿って真っ直ぐ東南に進む道に植えられている。岐阜の春の自然を静かに楽しむのに絶好の場所である。
　道の傍らを流れる小川には小魚が泳ぎ、岸辺の野草の花とともに春の息吹を感じさせる。
　ソメイヨシノの並木はどこも古木で、樹木の痛みや捻じれが多いが、清水緑地では古木の他に幼木も植えられ、サクラの楽しみが未来にわたって継続できるよう配慮されている。
　街の中にあって便利な公園なので、一度夜間に訪れて夜桜を楽しんでみたいと思った。

52 散り際の花

　葉が出る前に咲くソメイヨシノの花見のため、まだ冬の肌寒さを感ずる中に、防寒具をまとって花園に出かける。波のように揺らぐ満開の花房の束を観賞しながら、ついでに夜桜見物のために戸外で長く過ごすこともある。

　ソメイヨシノの見頃はおよそ2週間といわれるので、その間に花の美しさを堪能する。しかし、花が散り始めた景色は何となく寂しげで、日に日に魅力が色褪せていくのを感じるのである。

　しかし見方を変えれば、反りを持ったサクラの花弁がその形態を生かして、花吹雪となって舞う姿も新鮮な感動である。

　さらに、この散り際の花を引き立てる見方がありはしないだろうかと思い、遠くから花波を見るのではなく、散り際に花の傍らに近付いて見てみた。

　花弁は1枚、1枚が風で飛ばされ、5弁の花が4枚、2枚へと減っていく。花が飛び散った後には、一つの花に5枚の赤いがく片と数十個の雄しべ、および1個の雌しべが残される。雄しべの先には黄色い葯（やく）が見え隠れして、豊かな花波を作っていた片鱗を残している。

　ソメイヨシノはこうして見事な花波で人々を魅了し、感動と寂しさを与えた後、残った花の中を露（あら）わにして去って行く。そして、ソメイヨシノとしての子孫を残さないで消滅する。

（F－4号）

　ソメイヨシノの花を近くから観察すると、散り行く花の一つ一つが観察できる。ウメの花と違って、普段は個々の花を見るようなことは少ないが、散り際の花は形の複雑さを見せてくれる。

　ヒラヒラと飛び去る花を見て、あらためて花弁に反りがあり、飛散するのに適切な形になっているのを再認識する。

　ソメイヨシノの果実は、形成されても発芽することは少なく、ましてや花とともに種子を運んで繁殖をめざす必要はない。しかし、反りがある花弁は飛散しやすくなっている。

　花の観賞時期を少しでも長引かせたいものであるが、煙やほこりを嫌うので、そのような場所では育ち難い。

53 ｜一花の魅力

　サクラの花からは華やかさと陽気が伝わってくるが、ウメの花に感じられるのは物静かな気品や忍耐、それに枯淡(こたん)の感覚である。

　ウメが開花するのは、一般にはまだ冬の寒さが抜けきらない時期なので、気分的にも浮かれる気持ちにならないが、花が持つ感覚もサクラとは違う。

　サクラの花はその花群の集合体の変化による美しさを観賞するが、ウメの花は個体ごとの美しさや香りを楽しむ。

　ウメが渡来したのは奈良時代の初めであるといわれるが、万葉集にはハギに次いで多く詠(よ)まれており、その頃の人々のウメに対する関心の高さが感じられる。

　このようにウメは古来、観賞の対象として高い人気があったが、そのうち幾多の変遷を経て、多面的な変化をしてきた。

　果樹として栽培されるものを実ウメ、観賞目的のものを花ウメというが、今では実ウメ100種、花ウメ300種といわれる。また花ウメはその形状によって3種類に分かれる。原種に近く花や葉が小さい野梅系、古枝の髄が赤くなる紅梅系、アンズとの雑種の豊後系などである。

　平成22年頃、名古屋の徳川園で淋子梅(りんしばい)というウメを見つけた。八重の中輪で花弁が波打ち、花弁の重ね部分が厚い紅梅である。観賞性の高い花であるが、それでも一花の魅力を十分感じさせる。

（F−6号）

　名古屋市徳川園にあった観賞用のウメである。淋子梅と名付けられてあった紅色の八重ウメである。徳川園にはこのほかにたくさんの種類の花ウメがあって訪問客の目を楽しませていた。
　このような観賞用に育成したウメでは忍耐、枯淡の味という趣が感じられ難く、シダレザクラに近いか、またはモモの花を連想することになってしまいがちである。
　しかし、樹木を眺めていると、やはりウメ本来の樹皮の感覚が認められ、サクラやモモとは一味違う懐かしさが保たれているようにも感じた。
　この花梅園は春に観光客でたいへん賑やかになり、花ウメを観賞する人は、品種別の花の魅力を十分楽しんでいるようであった。

54 | 枯淡の美

　「梅に鶯(うぐいす)」は春を告げるにふさわしい言葉であるが、ウグイスがウメにやって来ることはあまりないようである。やっと寒さが抜けかけて、待ち焦がれた春を連れてくるウメの白花は、自然への忍耐を感じさせ、気品と清節を表しているように感じられる。

　満開のサクラの花が自然の賑やかさを演ずるのとは違い、白梅の開花は枯淡の美を現す。白梅林での一人歩きは、自然の静けさの中にある奥ゆかしさを味わうことになる。

　ウメの花の付き方は、一節に一輪ずつ付くことが多く、モモなどでは一節に2個の蕾(つぼみ)ができるので、モモに比べても開花時の華やかさや印象が弱い。

　奈良時代以前では、ウメの花は花の代表としての観賞価値が高かった。今では花はサクラといわれるが、開花する順序は早春に咲くモモやサクラと比べると、関西ではウメ、モモ、サクラの順に咲くが、北海道では逆に咲き、また同時に開花する地域もあるようだ。

　白梅の魅力に虜になると庭に木を植えたくなるが、1本だけ植えても実が付き難く、また同一品種では結実し難いので品種の違う木を混植する。開花時には受粉を媒介するハナアブなどが活躍する。

　ウメは近縁種の植物と交雑しやすいので、300種以上の品種があるが、果実を収穫するためには地域特定の品種が栽培される。

（F－6号）

　私の家に植えられている白梅である。あまり格好良くはないが、果実を梅酒にしたいと思って購入してきた。2種類のうち1本は南高梅で大きな果実が収穫できる。

　ウメの果実は日本流の利用法が多く、特に梅干しは日本の象徴である日の丸弁当になり、また梅干しと沢庵(たくあん)は貧しさを生き抜く日本の味であった。

　ウメは菅原道真が筑紫へ下るときに登場して有名である。学問の神様として敬愛される道真を語るとき、ウメには本来書物を好むという意味が込められているようで、サクラとは違った清楚な感覚が忍ばれる。

　関西では1～2月に咲くが、その寒い時期にハナアブなどがやって来て花粉を媒介する。

55 北を向く蕾

　植物の花や枝は多くの場合、光が来る方向に曲がる屈光性が働いて南を向くものである。しかし、それとは逆に北を向く枝や蕾(つぼみ)がある。

　モクレンの蕾は北を向いている。大木のモクレンに付く大きな花の蕾が揃って北側を向いている光景は、遠くから見るとムクドリが止まって一斉に同じ方向を見ているような感覚である。

　蕾が北を向く植物は、他にタムシバ、コブシ、シデコブシ、ネコヤナギなどがある。

　岐阜方面から伊吹山が見える位置でモクレンを見かけた。伊吹山とモクレンが重なった時、蕾が右側を向いていないと誤りになる。

　3月が過ぎて、モクレンの硬い蕾に太陽の光が当たり出すと、光の当たったところが生長して膨らみ、蕾の先端が光と逆の方向を向く。

　方向が分からなくなった時、モクレンの蕾の向きを見れば、どちらが北側なのか分かるのである。

　蕾の状態から開花が進んでくると、次第に向きが分かり難くなってくる。蕾が北を向く性質のある植物では、モクレンとハクモクレンが最も分かりやすい。

　モクレンの花の色は濃い紅色から桃色まで幅があり、花弁は6枚とそれによく似た萼片(がくへん)が3枚から成り立つ。白い花のハクモクレンより花弁が舌状で長くなっている。

(F-4号)

　春浅い3月の伊吹山は、まだ白い。この絵は、伊吹山を東方から眺めた姿で、それと重なるモクレンの蕾は北に相当する右側をどうしても向かなければいけない。蕾が左側を向いていたら、絵の誤りである。

　モクレンには原始的な面影が強く残る。花の中の雌しべや雄しべが螺旋状に巻いているのは、裸子植物から進化した名残りであろうといわれている。

　さらに、花弁と萼片との区別が困難なことや、維管束などにも裸子植物的な形態が残っていたり、まれに樹皮に托葉がとれた後の托葉痕が丸く残ることがあるなど、原始的な面影が残る。

　モクレンの花弁は萼片よりも大きくなる。しかし、ハクモクレンでは花弁は萼片と同じ大きさ、同じ形、同じ色である。

56 ｜花弁の偽物

　ハナミズキとヤマボウシはよく似た花木である。どちらも街路樹によく使うが、ハナミズキが4、5月に開花するのに対し、ヤマボウシは6、7月に開花する。

　開花とはいえ、どちらも本当の花は中央にある小さな花が集合した頭状のもので、これが花かと疑うほどのかたまりである。その小花の数はハナミズキで10〜20個、ヤマボウシで20〜30個である。秋になると、それらが果実を作り、赤く実る。

　中央の集合体が本当の花であれば、それを周囲から取り巻く美しい花弁状のものは何であろうか。どちらの木についても、それを苞または苞葉といって、葉に近い組織である。

　苞葉はそれぞれ4枚からなり、これが花のように開くと20日以上もの長い間、観賞することができる。ハナミズキでは白、赤の他、黄色や斑入りの園芸品種もある。ヤマボウシでは白が主流であるが、淡紅色もある。これらの苞葉が美しいので、花弁と錯覚するが、これは花弁の偽物といえる。

　ハナミズキの苞葉は開く前に相対する2枚の先端がメガネのように丸く接続しているので、それが開花によって離れて傷痕ができる。苞葉の先端が窪んでいるのはそのためである。ヤマボウシの方は開花前に先端が付着していないので、苞葉は無傷のままである。

（F−6号）

　ハナミズキの花は花弁に見える苞葉が美しく、開花期間が長いので人気がある。4枚になった苞葉の先端が傷のように窪んでいる特徴がある。
　ハナミズキはアメリカを代表する花で、明治の頃、日本からアメリカに送られたサクラのお礼に、大正のはじめに送られてきた花木である。
　苞葉を細かく見ると、外側の2枚は小さく、内側のものは大きくなっている。果実は食べると恐ろしく苦味を感じる。
　苞葉が花弁のように美しく観賞価値の高い園芸植物としては、他にポインセチアやブーゲンビレア属のものなどがある。
　また、ハナミズキで苞に負けじと美しくなるのは、秋になって紅葉する葉の方であり、カエデの紅葉などとは違った味わいがある。

57 | 銀蝶の舞

　落葉高木の中で、あたかも大きな銀色のチョウが戯れているような感じの花木がある。チョウでなければ白い羽の鳥かもしれない。つまり、これが花でなければ、別の生き物が群がっているように見える。

　ハンカチノキの白い器官は、ハナミズキと同様に苞と呼ばれるもので、花弁でも葉でもない。花のすぐ傍らに付いている葉状のものである。

　一見よく似たものにドクダミ科に属するハンゲショウを連想するかもしれないが、ハンゲショウの白い部分は間違いなく葉であり、葉の下半分が白くなるのである。

　ハンカチノキは、その苞があまりに白いので、ハンカチの名前が付けられた。一見、花弁のようにも見える。

　この白い苞は2枚から成り立っていて、その中に花があるが、花弁はなく、多くの雄しべと一つの雌しべが集合して丸い形状をしており、中には雄しべだけからなっている花もある。

　開花すると強い臭いがして、ハエが集まって来る。秋になると直径2センチほどの丸い果実がぶら下がって赤っぽく熟す。

　ハンカチノキの葉の縁は粗い鋸葉になっていて、葉の裏側は葉脈の部分が大きく盛り上がっている。葉の形と苞の形はほとんど同じである。ハンカチノキは山林に生育することはほとんどなく、特定の公園などに存在することが多い。

(四つ切り)

　この絵は、岐阜市の長良公園で春に開花しているハンカチノキで、中国原産の落葉高木である。
　花（苞）が開くと1週間程度の間観賞できるが、その後は多くの場合、萎れて黄化し、次第に落下する。
　秋に赤っぽく熟す果実が大きいので、それも見どころである。別名をハトノキといい、白い苞の形状から由来しているのであろう。
　珍しい木なので開花すると、その地方の広報誌などで紹介されることがよくある。
　新聞に掲載されると、見逃さないように出かけるのであるが、この絵もそうして描くことができた。

58 芳香花

　花が咲くようになると芳しい香りを出す植物がある。私たちの住んでいる周りにも、キンモクセイ、ジンチョウゲ、ユリなど、その匂いに刺激されるが、よく注意すると、非常に多くの植物の葉や花から香りが発散されているのが分かる。

　アロマテラピーという言葉がある。花や木の芳香成分を利用して心身の健康や美容などを増進させることで、香りのある植物は古くからさまざまな利用がなされてきた。今日のようなストレスの起きやすい複雑な社会の中では、気持ちや神経を休ませる鎮静効果や情緒の安定に役立つリラックス効果などが期待されるようになった。

　香りの強い花は、花の色と関係がないであろうか。クチナシや柑橘類がそうであるように、何となく白い花の方に引き付けられる。

　私の家にカラタネオガタマがある。初夏の頃、著しく芳香の強い花が咲く。バナナの香りとミカンの香りを混ぜたような心地良い香りを発散して、風下数メートルに近付けばその花の存在に気が付く。

　カラタネオガタマは、江戸時代の半ばに渡来した植物であるが、わが国に自生しているオガタマノキの仲間でもある。

　カラタネオガタマもオガタマノキも神社にはよく植えられており、カラタネオガタマはその食感性のある芳香に人気があって、庭木などにもよく利用されている。

（F-6号）

　開花しているカラタネオガタマである。このバナナのような匂いは子どもの頃から覚えがあり、懐かしい感じがある。
　植物から発散するこうした揮発性の香りは、精油といわれる有機化合物からなっている。精油は人の気分を変えたり心を安らげりするので、文化的な利用もなされてきた。
　仏教の儀礼に焼香があるが、これは香気で浄化作用を行う意味のものである。森の中の香気成分がフィトンチッドといわれて森林浴に利用されているように、精油の働きは自然界の生物群に影響を与えている。
　カラタネオガタマが通学路の傍にあると、その香りに魅せられた子どもたちが集まり、話題の種になる。

59 雄しべの変化

　サザンカの花弁は本来一重で、色は白である。それが野生のサザンカで、そうでないものは園芸種である。この頃はどこに行ってもサザンカの野生を見ることはほとんどなく、園芸種ばかりである。
　園芸種には品種が多く、花弁の色は紅色、桃色、白色などで、それらのぼかしも多い。多くが八重咲きで、半八重のものもある。その八重の花弁で、雄しべの存在する花の中央付近の花弁の幾つかが、小さくなっているものがよく見つかる。
　雄しべは構造的に花弁に似通ったものとされ、八重の花弁というのは、成り立ちとして中央部にある雄しべ群から変化したもので、サザンカやツバキ、あるいはウメなどでも、花弁の先端に雄しべの葯だけ付着したものが見られる。ハスに妙蓮という、花弁が数千枚以上からなるものがあるが、これも雄しべから変化したものとされている。
　サザンカの八重咲きやツバキは、雄しべに近い場所の花弁が小さく飛び出たような姿になっていて、雄しべからの変形を示唆している。
　花弁が八重になるのは観賞価値を高めるのかもしれないが、雄しべが少なくなるのは、それだけ種子生産能力が落ちることになる。
　雄しべの中に花弁には成り切れないが、花粉を生産する能力を失った仮雄しべといわれる雄しべが存在する場合もある。園芸品種はそのような連続性を利用して作られていくことがある。

（F-4号）

　園芸種である八重咲きのサザンカの花の中を覗くと、少数の雄しべの周りに極めて細長い花弁が幾つかあるのが分かる。八重咲きに成り切れなかったものであろう。花は成り立ち上、葉が変形したものの集合体とされ、雄しべ、雌しべ、花弁、萼などを含めて花葉といわれる。

　その中で雄しべと花弁が変化し合ったり、雄しべ自体が葯(やく)と花糸（葯を支える軸）の間で変化し合うこともある。

　例えば、花糸が幾つかに癒合しているもの、葯の部分で癒合しているもの、同じ花で雄しべの長さが違うものなど、花葉の変化はさまざまである。

　園芸種はこうした花葉の変化を利用して作られることが多く、幾通りもの変異種が現れる。

60 雪との生活

　春になると多くの野生の植物が芽を出し、花を付け始めるが、寒い冬のうちに開花する植物は比較的少ない。

　野外植物が真冬に花を咲かせる例としては、まずサザンカ、ツバキがあるが、そのほか住宅近くでよく見かける冬の花には、チヤ、ロウバイ、ヤツデなどが該当する。もちろんツワブキやヒイラギ、フクジュソウなども冬に咲くが、環境や地域によっては開花時期に開きがある。

　寒い季節に開花しても、受粉に訪れる昆虫が存在し、ヤツデなどではギンバエ、ハナアブが花の強い臭いにつられてやって来る。また、ツバキやサザンカでは、受粉が鳥によってなされ、メジロやヒヨドリなどがその役目をする。

　ロウバイは寒さが厳しい時期に咲くことで知られているが、香りの強い花を雪の中で下向き、または横向きにひっそりと咲かせる。下向きに咲く花はチヤも同じで、白い5弁の花が初冬に咲く。

　サザンカの原種では4〜7センチの白い5弁の花が平開して咲き、ツバキと違って花糸が花弁と合着していないので、花弁が1枚ずつハラハラと落ちる。

　初冬にはすでに雪との生活が始まるので、初雪の下から顔を覗かせているサザンカの園芸種は、赤いセーターを着込んだ美人が白いコートをまとって顔を覗かせているかのようである。

（F－6号）

　赤い花のサザンカは雪の白さがよく似合うが、10月が過ぎる頃、気の早いサザンカはもう開花し始める。園芸種はあちこちの街路樹や生垣によく植えられているので、容易に花を観察できる。
　園芸種は花の色が美しいので、花が散った後の状態まで観察することはないかもしれないが、よく気を付けて見ると、花が散った花弁の傍に黄色い糸くずのようなものが残っている。それは枝先に残った雄しべである。
　花弁が離れた後に雄しべが子房の周りに固着して、しばらく離れない。初雪が花にかかると、紅色の花に白いまだら模様ができて冬の到来を知らせる。
　雪が降り積もると、花が次第に雪の中に潜り込むようになるが、サザンカの花は強いので、その中で暫く冬ごもりをする。

61 | 落ちた花群

　秋の山道が紅葉で染められ始めると、美しさが上からと下からとで増幅し合い、あたり一面を煌(きら)びやかな劇場に仕上げる。一方、春に木々が花を付ける時にも、そのような場面がある。

　岐阜県羽島市の羽島市民公園には椿苑があって、多くの珍しい品種の花が咲き乱れる。

　ツバキは花弁が基の方で癒着して筒状になり、しかも多数の雄しべの花糸が花弁に癒合している。このため、花が落ちる時はサザンカのように1枚ずつヒラヒラと舞い落ちないで、一度にポタリと落ちる。

　そのため、落ちた花はそれほど遠くへ飛ばずに、その木の周りに留まるのである。木の上で咲いている花が、地面近くで下を向いているものはうつむきに落ち、高い位置で開花していた花は上を向いて落ちやすい。ツバキの原種であるヤブツバキは筒咲きなので、落ちると横に寝そべってしまう。

　この椿苑では、水平に開いた八重の花が多いので、地面に落下した時は、上向きになる花が多い。

　しかも、ツバキの色合いがさまざまで花の形にも変化があるので、木の周りに落下した花群は、それぞれの木の花の特徴が並ぶ。重なりあった地面の花は、まだ落ちてこない開花中の花と合わせて花の劇場をつくりあげるのである。

（F-6号）

　羽島市民公園の春の椿苑風景である。この椿苑にはおよそ200株余りのツバキが植えられ、市民の目を楽しませている。花の落下が始まると、ご覧のとおりの落ちツバキで舞台が飾られる。

　この椿苑はやや密植傾向で、風当たりも弱いので、重いツバキの花が移動していくことはほとんどない。時が経つと古い花は腐食していくが、その上に、また新しい花が落ちるので、地面の花園の美しさはかなり継続する。

　葉の形も一様ではなく、観賞価値が高いものが多いので、花の美しさを含めて幅のある見どころが期待できる。

　サクラやバラ園の観賞に比べると、引き立つような美しさには欠けるかもしれないが、地面の観察も兼ねることができるので一挙両得である。

62 ｜ 雪に似た花

　「ナンジャモンジャ」という名前はこの植物の和名ではない。また、ナンジャモンジャとはヒトツバタゴのことをいうように思われるが、そうでもない。

　ある樹木の自生地が限られていると、古い時代にはその名前を確認することが容易ではなく、その木が存在する地域ではそれをナンジャモンジャということがあり、ヒトツバタゴもその一つであった。

　そのような例として、筑波山ではアブラチャン、那智山ではイスノキ、そのほかヤブニッケイ、カゴノキ、イヌザクラなども該当した。

　ヒトツバタゴが自生するのは、岐阜県や愛知県、あるいは対馬などで、全国どこにでも自生樹があるとはいえない珍木である。

　ヒトツバタゴは一般的に雌雄異株であるが、その他に雄花を付ける株と、両性花を付ける株とがある。5月頃になると、細長い深く四つに分かれた白い花を付ける。

　4裂した白い花が集合して折り重なった眺めは、驚くほど見事なもので、今年伸びた枝に沿って咲いた様子は、波のように入り組んでは弾かれ、あたかも新雪に覆われたかのような情景をつくりあげる。

　大きくなると、25メートル以上の大型落葉高木となる。幹の色は灰褐色、葉は長楕円形の5〜10センチほどの大きさで、秋には直径1センチ程度の果実を付ける。

（F－6号）

　岐阜市金神社に咲くヒトツバタゴの花である。毎年、5月頃に岐阜新聞に開花したことが掲載されるので見に行って来た。新雪が積み重なっていくように見事な花盛りとなる。学名のチオナンサスは雪の花の意味である。

　白い花が咲く大木として、例えばサクラ以外にはハクモクレンやタイサンボクなどが目立つが、ヒトツバタゴも雪で作られた波のように見える集合体なので、遠くから見ても樹種が推定できる。

　風があると白い花の層がうねり、動き回るので、これが植物なのかと疑うほどの景観である。波浪という言葉があるが、ヒトツバタゴのナンジャモンジャはまさに波のようにうねり狂う。

63 黄金色の山

　岐阜市の金華山には多くの種類の樹木があり、山裾にはツブラジイ、北斜面にはアカマツやヒノキ、南斜面や頂上にはアベマキやコナラが見られる。

　樹木類はそのほとんどが天然林で、人工樹林は非常に少ない山であるが、その中で一際存在感を示すのがツブラジイである。

　初夏が訪れる頃、ツブラジイは一斉に開花する。それはクリームがかった黄金色の花で、樹木ごとに花が盛り上がって重なり合い、見事な景観を現す。

　古くは稲葉山といわれた山が、明治以降に金華山と呼ばれるようになったのは、この黄金色の花がたくさん咲くことによるらしい。

　金華山はもともとアカマツの森が広がっていたが、江戸時代に幕府の統括地にされて以来、一般の人がこの山に入れなくなり、明治になっても国有林として保護されていた。このため、植物の種類も豊富で植物学的にも貴重な自然林である。

　山はアカマツ林から植生が自然に移り変わり、さらに常緑広葉樹林の後を追いながら、ツブラジイが勢力を伸ばしてきたようだ。

　ツブラジイはブナ科の植物であるが、同じブナ科のコナラ属と違って、殻斗がドングリ全体を包んでいて、熟すと裂開する。果実はタンニンが少ないので、炒って食用にすることができる。

（F-6号）

　岐阜公園の入り口付近から眺めた金華山の初夏の様子である。ツブラジイの花が満開になって、山が黄金色に輝いている。ロープウエーで頂上に登る途中に、ツブラジイが咲き誇るすぐ横を通過するので、黄金色の花群の見事さを満喫できる。

　ツブラジイの花は淡黄色で、5～10センチの雄花序を本年枝に付けるので、垂れ下がるような花束のかたまりが重なる。雌花序は緑色で目立たない。

　花が樹木の枝先の全面に付くので、花の過密な盛り上がりが山のように重なり合って、輝きのある独特の美しさをつくる。

　風が吹くと、小さな山並みが揺れ動くので、山全体が生きているかのように見える。

64 ｜捩れた金糸

　寒さがまだ抜けきらない冬の景色の中に、金色の糸が捩れて絡み合ったような花を咲かせている木がある。マンサクである。春に咲く樹木林がまだひっそりとしている時に、花弁どうしが輝くようなダンスを始めたかに見える情景である。

　近づくと芳香が漂い、風の向きによっては随分と遠くまで匂う。捩れた花の付近には、昨年のうちに落ち切れなかった枯れた葉がまだ残っていて、秋の名残りを感じさせる。

　黄金色の糸が戯れるマンサクの花は、時期を同じくするか、またはやや早めに開花するロウバイの花と感覚が似ている。特にソシンロウバイとは花の色もよく似ていて、匂いも強いので、どちらも春の訪れを知らせる自然の女神のようである。

　マンサクの名前の由来は諸説あるが、黄金色の花が固まり合って咲く様子を、感覚的に豊年満作と感じて名付けたともいわれる。

　花の姿があまりにも奇妙なので、もう少し近付いて観察してみよう。花弁が４枚の長いひもになっていて捩れあい、それらが互いに寄り合ってもつれるように咲いている。

　花が咲く頃、葉はまだ出ていないが、花が終わる頃になると、うろこ状に覆われていた芽が開いてくる。開いた葉は丸みをおびた菱形で、主脈を中心に左右が異なった形をしている。

（F－6号）

　金糸が捩れて散らばっている様子は、花が咲いているとは思えない。金色の虫が集まって樹液を吸っているかのようだ。しかも1か所からたくさんの金糸が出ているので、長い脚のクモが集まっているようにも見える。

　こうした奇抜な様相のある花なので独特の人気があり、よく庭に植えられている。花のない時期に春を告げることができるのである。

　花の中を見ると、細長い花弁が4枚、雄しべが4個と仮雄しべが4個、雌しべが1個あり、花柱が二つに分かれている。蒴果といわれる果実が熟すと二つに割れて、中から黒い種子が弾き飛ばされる。

　マンサクの花はロウバイとともに、寒さの出口に立ち、待ち焦がれた春を迎える自然の恵みである。

65 | 蜜の目印

　ツツジ類は種類が多く、開花時期にはいろいろな美しい花が日光の当たる方に顔を向けて眩しそうに咲き乱れる。
　開花が始まると、アゲハやクロアゲハが飛んできて蜜を吸い取り、クマバチなどもやって来ては受粉が行われるようになる。
　公園や道路の縁に多く植えられているのは、ヒラドツツジの一品種であるアケボノ（オオムラサキの変種）が多く、ややピンクがかった白い大きな花が魅力的である。
　そうした花を眺めて気が付くのは、花弁の一部に赤い点状のマークが並んでいることで、このマークが一体何者なのか気になるところである。
　花へやって来る虫たちに対して、花粉の場所や蜜のありかを教える目印が、そのマークなのである。蜜はその上部中央の花弁の窪んだところにあって、雌しべの根元に当たり、その深い場所に蜜の溜り場がある。
　その目印になる赤い点をガイドマークといい、蜜のある上部花弁とその両側の花弁の一部にまたがり、散らばっている。
　なお、花弁は第一層、第二層といわれる二つの組織からできているが、第一層は薄いのでガイドマークの色は第二層の色で発現される。逆に第一層が赤でも第二層が白の場合は不明瞭になる。開花後１，２日経つと、下を向いていた雌しべが上を向き、受粉体制ができ上がる。

（F-6号）

　上図のアケボノの花の色は淡紅色である。花の色は二つの層の組み合わせで決まる。この絵の場合は、花弁は極めて薄いピンクである。二つの層がともに赤いと濃い赤になり、二層とも色素がないと白になる。いずれかが赤いとピンクになるが、第一層に赤がある方が第二層にあるよりも濃くなる。この絵では、第二層に赤があるのではないだろうか。

　ツツジは虫媒花なので、どうしても昆虫に受粉を依頼することになる。受粉してもら場所がどこなのかを、ガイドマークによってアゲハチョウなどに教えなければならない。

　ガイドマークは、花と虫とが話ができるように助け合い、相互依存している証拠の姿なのであろう。

66 苞の役割

　ヤツデはテングノハウチワともいわれる。葉の先が掌状に7〜9裂した、たいへん特徴のある葉をしている。

　ヤツデは他の植物があまり開花しない12月の寒い季節に咲くので、そのような時期に昆虫が飛んで来るのか気になるが、意外にもハエやアブなどの虫がやって来る。この時期には咲く花が少ないので、ヤツデはこれらの昆虫を独占することができる。

　花の軸が枝分かれするまでは、苞といわれる葉に似た組織に守られていて、寒さからの被害を防いでいる。花序が伸び始めると、苞はマントの役目を終えて落下する。

　ヤツデの花は両性花であるが、珍しいことに同じ花が、雄と雌の時期をずらして演じ分ける。すなわち、ピンポンのボールに似た花序の中にある小さな花の役割が変化をするのである。

　まず雄しべが成熟して花粉を出し、虫を呼ぶために蜜も出す。次にその花の花弁が散って蜜が止まると、小さな雌しべが伸びて大きくなる。その雌しべが成熟するとまた蜜を出し、虫を呼んで他の花の花粉をもらう。自分の花粉が自分の雌しべに付かないように調整している。

　花は、枝分かれの少ない先頭のピンポン玉の方から始まるが、順に枝分かれの多い花序へと進んで、最後は花粉を付ける花がなくなり、雌の役目がなくなって枯死する。

（F−4号）

　ヤツデの受粉調整は生物の生き残り作戦として興味があるが、ヤツデの花序を保護する苞の役割にも注意したい。

　苞は萼(がく)と類似した感じがあるが、萼は花弁の連続性が変化してその外側で特殊な形態に移行したのに対して、苞は形成される花全体の下の方に存在する変形した葉である。

　萼は花が蕾の時、花弁、雄しべ、雌しべを守るのに対し、苞は花芽の時や若い花を保護する役目がある。苞は苞葉ともいって、葉が変態して大きくなったり、花弁状になったりして観賞の対象にもなり得る。植物にとって花は子孫を残すための大切な器官である。そのために、その周囲にある補助的器官がさまざまな働きをして守っている。

67 | 白い大花

　5、6月頃に公園に行くと、特に朝方に強い香りが漂う場所があり、そこでは大木に白い大きな花が咲いている。

　最近では街路樹にもなっていることが多く、道行く人たちの目を楽しませている。どんな形の花が咲いているのか見たいと思っても、それが多くの場合、大木の上の方の梢で上を向いて咲いているので、下からではどうにも見えない。

　タイサンボクは葉が大きいが、花も大きく直径20センチほどある。よく似た花に、同じくモクレン科モクレン属のホオノキという植物があるが、タイサンボクの葉はホオノキより硬くしっかりした感じで、葉縁は内側に反り気味になっている。葉裏の色はやや薄めであるが、赤さびがかった毛があってビワの葉裏に似たところがある。

　花の色は純白で花弁が6個、まれに9～12個もあるが、花弁と区別し難い萼片が3個付いている。

　花には雄しべと雌しべが多数あって、紫色の雄しべ群は中心部にある雌しべ群を、下から螺旋状(らせんじょう)に取り巻くようにしている。

　雄しべ群は受粉の仕事が終わると、落下してしまうが、その痕が赤く染まって美しい。

　果実は大きな集合果となり長さが8センチぐらいある。それが熟すと赤い種子が2個ずつ垂れ下がってくる。

(F-4号)

　花が高いところで咲いているにもかかわらず、上方に登る手段もないので、腕を伸ばして花のある比較的低い枝を引っ張り、上を向けて観察した。葉は丸みがあり、葉縁が内側に曲がっていて表面には強い光沢がある。

　開花が終わりかけ、雄しべが落下してその痕が赤くなっている。もう少し早い時期には、花弁がお互いに包みこむようになっていて、花全体が丸みを保っている。花の絵の左側には、花弁が散って少し大きくなった果実がある。

　タイサンボクの葉脈は硬いので、葉脈の標本を作るのに適している。水酸化ナトリウムの3〜5％液で煮ると、きれいな葉脈標本が作製できる。

　最近では街路樹などに植えられていることも多いので、香りを浴びながら心地よい通勤ができる。

68 眠る葉群

　ネムノキは川の岸辺や山地に自生するが、公園などにも植えられているマメ科の樹木である。
　マメ科ではあるが不思議な感覚がある木で、花の形はよく見るマメ科の蝶形花とは全く違う。雄しべの長さが３～４センチの淡紅色で、それを構成する花糸が房になって伸び、花らしい形が作られる。雄しべが萎れると、房内にある雌しべが長い白色の糸状に伸びて受粉する。花弁は１センチ以下の短さで、雄しべに隠れるように付いている。
　房状になった雄しべはその先に花粉を出すので、その有様は小さな美しい花火が、連続で打ち上げられているような見事さである。
　花は夕方になって開花するが、その頃に葉の方は小葉が閉じて眠りに付く。朝になって葉が開き始める頃には、夜間咲いていた花が閉じ始めるので、開花と葉の眠りは行動が逆である。
　10センチ以上の豆果の中には、10個以上の種子ができるので、ネムノキがマメ科植物であるとの確認ができる。
　葉を焼くと良い香りがする。その葉を水につけて手で揉むと、白い泡が出るので石鹸の木ともいう。
　ネムノキという名称は、葉が夕方には閉じて眠るためと言われているが、樹木の萌芽時期が５月中旬と遅いので、いつまでも眠りたい木の意味から付けられたともいわれる。

（F－4号）

　このネムノキは羽島市民公園に咲いているものである。花を確認した時間は朝の9時頃だったと思うが、まだ開花中らしく見えた。

　この絵では、小葉が描き切れなかったが、花はそれらが閉じて垂れ下がっている枝先の上に、花火のように上を向いて咲き乱れていた。

　枝は太めであるがしなやかで、これだけの小葉群を支えていることから考えると、相当な耐久力があると思えた。

　ネムノキの付近には開花している別の樹木も多いので、ネムノキのような茂った高木の上に咲く花に目を向ける人はほとんどいないであろう。

　花を見てネムノキと知っても、それがマメ科植物と確認するには、葉や果実の形を見るまで分かり難いかもしれない。

69 萼片の風車

　カザグルマは４～５月に咲き、山野などで見られる直径10センチ程度の大型の花である。花弁に見えるのは萼片であり、色は白、薄紫、ピンクなどがある。

　普通は３枚の小葉からなる複葉があり、それに付く長い葉柄が絡み付いて成長するので、自宅や公園などでは垣根を作って植えておくとよく広がり、園芸用にも利用される。

　萼片は基本的には８枚の一重で花弁の代わりをするが、一株の中には八重も見られることがある。

　萼片の中には多くの雌しべが束状になって存在し、その周りに多数の雄しべがある。雄しべが熟すと次々と外側に反り返る。

　大抵の花は雌しべは１本から５本、雄しべが10本以下であるが、カザグルマのように、多数の雄しべと雌しべを持つ花は、地球上の花の原型を残すものとされている。これとよく似た形態としては、キンポウゲ科などの花が当てはまる。

　園芸品にクレマチスといっているものは、カザグルマと中国原産のテッセンとの交配によって作られたものである。

　クレマチスには20センチ近い大輪の花を咲かせるものがあるが、花の色もいろいろあり、株分けや取り木などで増やすことができる便利な花である。

（F-4号）

　岐阜市の長良公園で見つけたカザグルマである。薄紫の萼片による花がきれいに咲き始めていた。蔓性なので、垣根に這い上っていた。

　花の形が風車に似ているのでカザグルマといわれるが、美しく単純な姿なので親しまれる。カザグルマは蔓で高いところまで登るので、遠くから花を見つけやすいが、登る支えがないところでは、地面に広がってグランドカバー的な役目を果たす。

　花が大きいので、どこにあっても利用価値があるのであろう。カザグルマは絶滅危惧種に指定され、保護されつつある。

　山野などでは見つけるのが難しいので、公園などで生垣代わりに栽培されていると、美しく、奥ゆかしいものである。

70 花に葉一枚

　山に春が訪れると、香りのある白い花が突然に咲き始める。コブシは日本特産の植物で、昔から苗代作りを始める合図にもなっていた。
　花弁は6個の細い倒卵形で薄く、風でひらひらと揺れ動く。白い花弁の基の方を見ると薄紅色をしていて美しく、花の魅力をそっと包み込んでいるようである。
　花弁の外側には花弁より短く、広がった萼片が3枚あり、花弁を保護している。モクレン、タムシバとも似ているが、ハクモクレン、シデコブシは大きさや形が花弁と同じである。
　コブシの花をよく見ると、その花柄の下に小さな葉片を1枚付けているのが興味深い。コブシによく似た花にタムシバがあるが、タムシバの方は花の下側に葉が付いていない。
　コブシの花もモクレンと同じように、蕾の時に先が北側を向く。太陽で南側が膨らむからであり、ネコヤナギなどの花穂も同様である。
　その花芽の外側は冬の寒さに耐えられるよう、産毛のような柔らかい毛でできたコートに包まれ、やがて中から花弁が顔を出す。
　この花がコブシと呼ばれるのは、この蕾の形が赤ん坊の握り拳に似ているためであるという説と、果実の形が握りしめた拳に似ているためという説がある。果実は袋果になり、中に丸い果実が数個入っていて、それを包む袋の形状も拳に似ているのである。

（F−4号）

　コブシは本来、山地や丘陵に自生する樹木であるが、よく見かける場所は街路樹である。近所の県道にコブシ並木として植えられているので、開花時期には白い美しい花が咲きそろう。
　花が咲いている位置が高いので、下から見上げた絵を描かざるを得ない。それでも垂れ下がった枝に付いた花が下を向いてくれたので、花の中も見ることができた。
　花の下側に付いている一枚の小さな葉も確認することができた。秋になると袋果が割れて、中から白い糸を垂れた先に赤い種子を付ける。
　まだ枝が薄緑をおびる頃、風で折れた小枝を手に取ると、微かな香りが鼻をついた。街路樹の管理が悪く、所どころ木が貧弱になっている。

71 | 本当の花

　アジサイの花が咲き始めるのは梅雨の頃である。花といっても、実際は萼が装飾花を作っている。従来のアジサイの装飾花は、酸性土壌では青紫色になりやすく、セイヨウアジサイは赤や桃、白など固有の色彩を示すが、わが国ではやや青系になることがある。

　花が咲いた後、晴れの日が続くと水分が失われて装飾花は反転し、表裏が逆転する。気が付かないことが多いかもしれないが、しばらくすると花は色が褪せていき、そのうちに緑色を帯びるようになる。

　このことは装飾花が周辺部だけに付くガクアジサイも同じで、花の色が少し褪せて垂れ下がった姿は、見栄えが悪く顧みられなくなるが、その様子は奇妙で滑稽でもある。

　ガクアジサイの周辺部にある装飾花が結実することはないが、中央に固まっている小さい花は、一つ一つが美しく開花して結実する。

　小さい花は両性花といわれ、花弁が5枚で雄しべが10本あり、開花の初め頃にはよく観察できる。

　ガクアジサイはアジサイの原種で、自然分布していることも多い。装飾花だけのアジサイは萼だけから成り立つので、本当の花とはいえないが、ガクアジサイは装飾花が周囲だけにあり、中央部は本当の花から成り立つ。実生の苗は2年目から開花して、さまざまな園芸品種が作られる。

（F−6号）

　開花中のガクアジサイである。装飾花の方は周辺部にあって美しい花弁に見える萼をパラパラと付けているが、すでに開花末期なので、裏側を見せて垂れ下がっている。

　装飾花の中心にも不稔性の雄しべや雌しべがあるが、中央部に密生して固まっている小さな花群が本当の花である。花の色がさまざまであるが、呼吸作用によって細胞中の二酸化炭素の蓄積の変化が影響する。

　本当の花の方は生殖能力があるので、次世代に残る果実を作ることができるのである。

　縁にある飾り花は花期の終わり頃になると、反転して裏側を見せるが、これは水分が失われるためである。

72 | 葉を破る花

　オニバスは絶滅危惧種である。絶滅危惧種が見られるという機会はあまりないので、遠距離を車で出かけてみた。オニバスが近くにないわけではなかったが、河川敷と河川の間にある池に存在したので傍までは行けず、10キロばかり離れた水郷公園に行ったのである。

　オランダの水郷地帯を思わせる大きな水車がある海津市の公園で、大きな蓮田やオニバスのある池が幾つかあった。

　水面から頭を出した蕾がちょうど開花し始めた頃であった。花は、直径2メートル近い大きな葉と比較するとあまりにも小さく見えたが、それでも直径4センチほどあり、ピンク色で可愛らしい感じがした。

　水面に浮かぶ葉は全面に山型の皺があって、長い棘が密生する。開花前の蕾は、その厳(いかめ)しい鎧のような葉を突き破って葉の上に頭を出していた。花は雌しべや多数の雄しべを持っているので立派に結実するが、その結実の場所は水中である。果実が水中で成熟すると、黒い種子が放出され、水面に浮かぶ。

　蕾が強固な葉を突き破るエネルギーは相当なもので、普通のハスではそんな芸当はできない。

　近くには、オニバスに寄り添って多くのヒシが浮かんでいた。ヒシは水面下で果実が成熟すると、茎から離れて水面に浮かぶようになる。

　果実には棘があるが、茹でて食べるとおいしい。

(四つ切り)

　海津市のアクアワールド水郷パークセンターにあるオニバスが開花していた。開花期は8〜9月で、鎧を付けたような強固な葉を蕾が突き破って出てくる。もちろん、葉がないところに顔を出す蕾も多いが、蕾の上に葉があっても、それを平気で穿孔できるのである。

　大きな葉の所どころに、幾つか穴が空いているが、花が受精した後に水中に引っ込むので穴だけが残る。

　オニバスの周りに多くのヒシが浮かんでいる。ヒシの開花期は7月〜10月で、小さな白い花が咲く。

　ここには存在しないが、別にオオオニバスというのがある。葉の縁が5〜15センチ上に折れ曲がり、花の直径が大きく、威圧感がある。

73 漏斗型に開花

　11月になっているのに、堤防にアサガオの花が咲き乱れているのは珍しいと思った。調べてみると、それはノアサガオであることが分かったが、この花は本来温暖な地域の海岸付近に多いと書いてある。

　堤防に咲いている花は自生地からいろいろな経過をたどって到達してきたのであろう。

　花の色は紅色であったが、淡紫色のものもあるようだ。形を見るとまさしく漏斗型のアサガオの花である。アサガオによく似ているが、アサガオと違って萼片が反り返らない。

　ノアサガオの花は開花期間が4月頃から11月頃までと長く、また朝から夕方まで咲いているので、アサガオを見る時のように早起きする必要はない。ノアサガオの花は直径6〜7センチ、葉はハート形で先が急に尖っている。また、蒴果が上向きになり6個の種子ができる。

　このような野外で見つかるアサガオに似た植物の仲間は他にも多く、ヒルガオ科のヒルガオ属、セイヨウヒルガオ属、サツマイモ属などがあり、葉や花が少しずつ異なっている。

　ヒルガオ科の植物は花の形が漏斗状、高杯状で蕾が螺旋形に捻られ、果実が蒴果であることが多い。

　草地や道端でよく観察されるのはヒルガオ、コヒルガオ、セイヨウヒルガオ、マルバアサガオ、それにこのノアサガオである。

（F-4号）

　この絵は、ノアサガオの開花である。他の似ている花と区別するためには、葉と花の形や花の色を互いに比較してみると、ほぼ見当が付く。また、花柄の途中に対生になった細い苞葉がある。

　マルバアサガオと葉の形が似ているが、マルバアサガオほど丸くはなく、やや肩が張っている。

　ヒルガオ科のものには一年生と多年生があるが、ノアサガオは多年生なので、枯れた部分を除いて盛り土をしておくと越冬できることが多い。

　成長が早いので家庭でも栽培でき、日陰づくりに役立つ。このような野生の花が、その美しさのために栽培用になることは珍しくはないが、野に生きる姿が破壊されているとすれば寂しいことであろう。

74 ｜壺のある花

　フタバアオイは、徳川家の家紋にもなっている三葉葵紋のもとになった植物である。フタバアオイはウマノスズクサ科で、この仲間には類似したものがたいへん多く、判別が難しい。

　その仲間の一つにカンアオイがある。カンアオイの花は地面近くで枯れた葉のように潜んで咲くので、林の中で葉が見つかっても地味な色の花を探すのは苦労する。常緑の多年草で、節の多い茎が地面を這い、芳香がある。

　花には花弁がなく、萼片が花弁のような役割をしている。3枚の暗紫色をした大きな萼片が互いに付着し、その下方は合着して壺のような筒状になっている。壺になった部屋は格子状に盛り上がり、その中に6個の柱頭が見える。

　それらは一見花らしくは見えないが、雄しべ12本と雌しべ6本があり、種子も形成される立派な花である。

　種子は液果状で熟すと崩れ、アリが好むので僅かな拡散はあるが、その範囲は極めて狭く、1万年の間に1キロメートルほどといわれるほどゆっくりである。

　カンアオイの葉はギフチョウの餌であり、花が出す芳香に虫が飛来する。カンアオイは日本古来からの園芸植物として扱われ、江戸時代から栽培が盛んになった。

（F-4号）

　林の中で発見したカンアオイであるが、フタバアオイとともにウマノスズクサ科に属する。ウマノスズクサという植物は、土手などに生える蔓性の多年草であるが、葉腋にサキソフォンに似た花弁のない長い花を付ける。萼(がく)が筒状になって彎曲(わんきょく)し、雄しべの葯が、合着する6個の花柱を取り囲むように付き、その場所が壺のように膨れていて、カンアオイなどと構造が類似している。

　また、フタバアオイの葉は、京都の葵祭りや徳川家の家紋にあるように、ハート型で美しく、葉脈が左右相称的に現れるが、これはカンアオイなども同じである。平成27年の夏、孫を連れて岐阜市の名和昆虫博物館に行った時、ギフチョウの説明の場所にその餌となるカンアオイが置かれていた。

75 | 夜に咲く花

　付近の堤防などを探してもマツヨイグサは滅多に見ることができず、あるのはコマツヨイグサやメマツヨイグサばかりである。

　ところが、ある場所でマツヨイグサが群生しているのを見つけた。それは新しくできた広い道路の脇で、そこには400メートルばかりの間に密生して生え、4枚の花弁を持つ美しい花が咲き誇っていた。

　かって河原などでよく見られたマツヨイグサは、今では山林に多く見られる。工事に必要な土を、偶然マツヨイグサのある山地から運んだため、新しい道路脇に多く生える結果となったようである。

　マツヨイグサというとツキミソウのことかという人がいるが、ツキミソウは別の植物で、白い花が咲く。

　互いに似ているのは、どちらも花が咲き終わって萎むと赤っぽくなることである。オオマツヨイグサ、メマツヨイグサ、コマツヨイグサなどは萎んでも赤色味を帯びない。

　これらの仲間は、花が夕方開いて翌朝に萎むものが多く、マツヨイグサも同じである。夜に咲く花には闇の中でもが吸蜜にやって来る。花粉が運ばれ、雌しべに付けられて受粉が行われるのである。

　種子は2ミリ程度の大きさで、粘液を出してゴミなどに付着し、風で遠くに運ばれるので、マツヨイグサが全くなかった場所に突然出現して驚くことがある。

（F－4号）

　マツヨイグサは夕方に咲き始め、朝になると萎む。従って、昼間に開花しているのを見ることが比較的難しい。反面、マツヨイグサは開花期間が長く、春先から夏にかけて咲くが、寒くなるまで花を見ることもある。

　このように、主に夜間のみ開花している植物には、マツヨイグサやオオマツヨイグサなどの他に、カラスウリ、ヨルガオなどがあり、オシロイバナにもそうした傾向がある。

　マツヨイグサの花は、同類の花が互いに似通っているので区別が難しいが、葉の切れ込みなどで違いが分かる。

　このように滅多に見られない野草が、新しくできた広い道路の脇にあることがあって、珍しい発見をするものである。

76 花の挨拶

　春に農道を歩くと、水田に沿った道の両側にピンク色の花が咲き乱れている。それらが重なり合って花の列を作っているので、美しい細い絨毯が敷かれているように見える。

　植物の名前はハルジオンで、水田近くに生えているので雑草といいたいが、イネや作物などに直接被害を与えてはいないので、こうしたものは人里植物というべきであろう。

　この花はすべてがピンク色のものばかりではなく、白い花もある。また、よく似た植物にヒメジョオンがある。

　ハルジオンに近付いて、その一つを手に取って見ると、不思議な姿をしているのを発見する。開いた花は全部上を見上げているのに、開く前の蕾は全部下を向いている。どの株もそうである。

　植物の生育途中で、その先端部が下を向く運動を調位運動といい、乾燥で萎れているのではなく、その植物の特徴である。ヤブガラシやツタなどの芽が出て、伸び始めた当初も同じような姿をしている。こうした植物は、若い時、きっと挨拶を心がけているのであろう。

　ハルジオンによく似たヒメジョオンは、この挨拶が苦手のようである。蕾が少し下を向くこともあるが、あまり丁寧ではない。二つの植物の主な違いは、ハルジオンの茎は中空で、ヒメジョオンの茎は中が詰まっている。また、ハルジオンはヒメジョオンと違い、葉が茎を抱く。

（F−6号）

　5月頃になると、水田に沿った道の両側にはハルジオンやヒメジョオンが咲く。この左側の絵はハルジオンである。その傍らにはスイバやタンポポが咲いていて、春の訪れを告げている。

　ハルジオンは春から晩秋にかけて花を咲き続けることができ、また受粉しなくても果実を結ぶことができる。また、根が横に走っていて、あちこちから出芽するので、その繁殖力はすさまじいものがある。また、葉が茎を抱いているのは、早く伸びる中空の茎の軟弱さを保護しているからである。

　正しい挨拶をする植物も、生き残るためにはさまざまな努力をしているのであろう。ハルジオンは花期が移り行くと、花弁が風に散って美しかった絨毯が、次第に色褪せていく。

77 菜の花の変遷

　冬の寒さが抜けきらない時期でも、河川敷にはすでに春の花が咲き始めている。早く咲く花で目立つものの一つにタンポポがあるが、春はキク科やアブラナ科など、黄色い花を咲かせる野草が多い。
　用水路のような小川でも、水が流れている付近によく生えているのは黄色い花の植物で、昔からの呼び方でいうと「菜の花」が多い。
　菜の花とは本来ナタネのことであるが、ナタネといわれるアブラナは、弥生時代に中国から渡来して、今ではたいへん少なくなってしまった。その代わり、今あちこちで見られるのがセイヨウアブラナとセイヨウカラシナである。
　セイヨウアブラナは明治初期にヨーロッパから油を採るために導入されたもので、アブラナとキャベツの交配によって作られたといわれる。セイヨウカラシナの方はソ連で栽培されていたものがヨーロッパやアメリカに入り込んだらしい。戦後、日本でも大繁殖しているが、栽培種であるカラシナと同じものである。
　セイヨウアブラナは葉や茎が白っぽく、上部にある葉は茎を抱く。セイヨウカラシナの方は葉の色が濃く、柄が細くなっていて葉が茎を抱かない。
　河川敷など水辺に多く見られるのはセイヨウカラシナの方で、どちらも若葉を食べることができる。

（F−6号）

　木曽川にかかる濃尾大橋付近に広がるセイヨウカラシナの花畑である。春の河川敷を黄色い花が埋め尽くして、今や水辺に咲くアブラナ風の黄色い花は、ほとんどがセイヨウカラシナになっている。

　カラシナはアブラナとクロガラシの自然交配種で、世界中で栽培されているが、その野生化したものがセイヨウカラシナとして日本に帰化した。

　また、「菜の花畠に入日薄れ　見渡す山の端　霞深し」と大正時代から歌われた朧月夜の唱歌は、昔からのアブラナではなく、明治時代に導入されたセイヨウアブラナのことであろうといわれる。

　絵は、濃尾大橋を背景にした春の木曽川河川敷の様子である。夏に繁茂したオギの枯草を背にして、セイヨウカラシナが育っている。

78 春の田園

「春の小川はさらさらいくよ」と、子どもの頃に歌った小川のほとりを歩いてみた。小川の淵には水田が開けていて、そこには春に咲く多くの人里植物が花を咲かせていた。

人里植物とは、山野草や雑草と相対的に分けられている植物群で、水田のあぜ道や人が暮らしている近くに生え、あまり作物の障害にはならずに生育している植物である。

カラスノエンドウ、ヒメジョオン、タンポポ、スイバ、ゲンゲ（レンゲソウ）などをいう。岐阜県の花はゲンゲであるが、特に羽島市の一部では今もゲンゲの種子が播かれ、春には美しい花畑になる。

ゲンゲは根粒バクテリアと共生して植物の生育を助けるが、土壌の湿度が高すぎるとバクテリアの活動が抑えられ、生育に影響して花付きにむらがでる。

ゲンゲの花をよく見ると、桃色と白が入り交じっているが、花によって濃さが違い、また純粋な白もある。稀に黄色の花も存在するといわれる。

ゲンゲの花が咲く水田にはミツバチが飛び回っているが、ゲンゲの蜂蜜は品質が高いので、養蜂目的で栽培されることもある。

また、裏作のできない岐阜県では、貴重な緑肥作物としても利用されている。

（F－4号）

　ゲンゲが花盛りになっている水田沿いの春の農道風景である。珍しい野草の咲く花群と違って、何か懐かしい記憶がよみがえるような感覚がある。

　小学校からの帰り道、女の子はタンポポの花を摘んで花束にしたり、ゲンゲを採って花輪を作ったりした。スイバの若い花序をかじって、酸っぱかったことも楽しい思い出になっている。

　また、水田脇の道でタンポポの綿毛に息を吹きかけて種子を飛ばしてみたり、カラスノエンドウを笛にして鳴らしたこともあった。

　春の田園は子どもの頃の楽園であった。そこが学校帰りの遊び場なので、春の自然にふれあう機会が多かったが、今では非現実的になっているように思えて寂しい。

絵画編

果実・きのこ

79 種子を覆う蝋

　紅葉がきれいな樹木としては、カエデ類やハゼノキなどのウルシ属が注目され、それらの色変わりについては、これまでも取り上げてきた。しかし、紅葉を身近によく感じさせてくれるのは、街路樹や公園に植えられているナンキンハゼではないだろうか。

　ナンキンハゼの紅葉はモミジとは違って赤色に紫や黄が入り込み、複雑な鮮やかさを示す。中国原産で日本では自生のものが少ないので、こうした住居地域で観賞することになり、近隣の秋を十分楽しませてくれている。

　葉は菱形で長柄があり、少し風があるとゆらゆらと揺れ、緑の葉は夏の暑さを和らげる気分を演出する。

　紅葉が進んだ11月過ぎになると、それまで黒くなっていた3稜のある三角形様の蒴果の果皮が割れて、その中から白い粉に包まれた種子が顔を出す。

　種子を包んでいた白い粉は蝋(ろう)で、その白い種子は冬になっても果皮から離れ落ちず、枝先に付いていることが多い。

　種子そのものは小さいが、たくさん集まると樹上にばら撒かれているようで、不思議な光景である。ムクドリなどがやって来てこの種子を食べ、排泄された種子が広く分散されて発芽し、自然に芽が出てよく生える。

(四つ切り)

　ナンキンハゼの自生は野山では滅多に見られないので、近くにある運動公園に植えられたものを題材にした。
　この公園には他に紅葉するような木がないので、紅葉したナンキンハゼは、スポーツをして疲れた後の格好の見世物である。
　寝ころんで上を見上げた紅葉の宇宙の中に、星空に似た白い種子群を目にすると、なにか宇宙遊泳をしているような錯覚を覚える。
　植物が見せるファンタジックな環境が身近に存在するわけだが、この白い星のような蝋物質の種子群は、今でも和ろうそくの原料に使われることもある。多くはナンキンハゼとは違うハゼノキの種子など植物性の油分を利用することが多いが、ともに種子が蝋物質であるので利用が可能である。

80 果実の束

　晩秋の頃に林の中を歩くと、いろいろな樹木の果実を見ることができる。赤い色や黄色、緑などさまざまである。

　野生の樹木が付けている果実を観察していくうちに一際目立つのがウルシ属の果実の束である。ウルシというと、すぐにかぶれるのではないかと心配され、手に触れないようにすることが多いが、その仲間にはかぶれの心配の少ない樹種もある。

　かぶれが心配なのはウルシやヤマウルシである。ハゼノキはかぶれないことはないが程度は低い。ヌルデになるとさらに少ない。

　ウルシ属の果実を比較してみると、ハゼノキやヤマハゼは大きさが1センチほどあって、他のものよりよく目立つ。果実は房のように束になって上から垂れ下がっている。開花する時に花序が円錐形の束になって、20センチ程度までは連なっているものが多い。

　晩秋の林で見つけたヤマハゼは、果実の束が長く伸びて垂れ下がり、果実は光沢のある黄褐色の歪んだ球形になっていた。この果実も冬になると灰褐色に変わる。

　ヤマハゼとハゼノキはよく似ているが、果実の色がハゼノキの方が白く、またハゼノキの果皮は割れて中の種子が顔を覗かせるが、ヤマハゼは果皮が割れない。葉を見ると、ハゼノキが表面に毛がないのに対し、ヤマハゼは毛で覆われている。

(四つ切り)

　落葉樹の林を行くと、ウルシ属の樹木がよく見つかる。この絵は、ヤマハゼの結実で、ブドウの房のようにたくさんの果実が連なって垂れている。

　ウルシ属の葉はほとんどが羽状複葉でいずれもよく似ているが、果実には若干の違いがある。

　ヤマハゼは黄褐色で艶があり、割れない。ハゼノキは黄白色であり、縦条のある種子が現れる。またヤマウルシの果実は毛が密生し、やがて黒い縦条の種子を現す。また、ヌルデは黄褐色になり、短毛で覆われるが、表面は蝋物質でヌルヌルしている。

　秋の落葉樹林は、夏の間に作られた養分が美しい形に作られて姿を見せるようになる。絵の左下にはキノコが生えている。

81 │ 象牙色の玉

　冬が近付く頃、落葉しかけた枝の先に象牙色の小さな玉が、房になってぶら下がっているのを見かける。寒さが厳しくなり、葉がほとんど落ちて裸木になっても、象牙色をした楕円形の玉だけは風に揺らめいているので、何か微笑ましくも奇妙な光景になる。

　センダンは高く伸びた木に、多くの太い枝が横に伸びて広がっている。その先の方に黄褐色の果実が鈴なりに実る。

　花は5～6月になって、新しく出た枝の基部にある葉の付け根に集まって咲く。薄い紫色をしているので美しいが、小さいので遠くからでは目立たない。

　「栴檀（せんだん）は双葉より芳し」と昔からいわれる栴檀というのは、ここでいうセンダンとは違い、東インドから東南アジアに生えているビャクダン科の香木である。心を落ち着かせるような芳香があって珍重されるが、わが国のセンダンにはこのような強い芳香はない。

　センダンの果実は硬くて美しいので、数珠を作るのに用いられ、また整腸剤や鎮痛剤としても利用されてきた。

　センダンはこのように季節感のある愛される落葉高木であるが、一方では縁起の悪い樹木としての伝わり方もある。

　平家物語によると、源氏や平家の罪人の首をさらした時に、このセンダンの太い枝に掛けたとされているからである。

（F-4号）

　センダンは街路樹や公園など、あちこちで見ることができる。センダンの果実が目立ちやすいのは、象牙色の果実が早春の頃まで裸木に束の状態で残っているからである。
　果実はヒヨドリなど小鳥が好きなようで、一度鳥に見つけられるとすぐになくなってしまうが、人が食べると中毒を起こし、摂取量が多いと命に関わるといわれる。
　センダンはクマゼミと相性が良いといわれ、真夏に枝に群がって鳴いている。センダンは果実に注目がいくが、春に咲く花も見事である。近寄ると淡紫色の小さな花が円錐状に集まって美しく咲いているのを見ることができ、アゲハチョウが訪れて舞う。

82 | 京菓子様の塊

　村の中を自転車で走ると、その途中に建つ家の生垣の中に、毎年、サネカズラの果実が顔を出しているのを見かける。

　京菓子に鹿の子餅という、小さな餅を餡で包み、その周りを甘く煮た小豆の粒をくっ付けた菓子があるが、それとよく似ている。

　その果実を一度食べてみたい気にはなるが、どの参考書にも食べられるとは書いてない。また毒とも書いてない。きっと良い味がしないのであろう。

　サネカズラの花は普通には雌雄異株であるが、まれに同株のものもある。花弁は淡黄色で9〜15枚あり、それらは萼から花弁に少しずつ変化していく過程が含まれている。

　開花した後、雌花は花床が球形に膨らむ。雄花には丸く集まった雄しべがある。

　鹿の子餅に見える表面の丸い液果の中に白い種子が数個入っている。液果が付いて内部の花床の中は白くて美しい。

　サネカズラは蔓がよく枝分かれして長く伸び、交差し合いながら離れたりしているので、それを人との別れや出会いになぞらえて古歌が作られている。

　別名をビナンカズラといわれるように、昔は枝皮に含まれる粘質物の煮汁を整髪に使ったようだ。

（F－6号）

　サネカズラは、その傍に生えている樹木に巻き付いて生育するので、生垣の中などは最適の生存場所である。毎年同じ場所から蔓を伸ばして勢力を拡大するので、生垣のマキが押しやられて可愛そうな格好をしている。

　同じモクレン科のマツブサと感じが似通っており、モクレンなどとともに、心皮（雌しべを構成する特殊な葉の意味）が多心皮類に属し、被子植物としては原始的な植物とみなされている。

　マツブサと同様に古い茎の周りは厚いコルク層を備え、古木では直径2センチ近くにもなる。蔓の伸び方が旺盛で、近くの樹木の邪魔になるので、早く退治したいが、何しろ果実の形に特徴があって美しいので、そのままになってしまうのであろう。

83 動物似の果実

　クチナシの果実は、タコやイソギンチャクに似た感じで、周りには6本の稜があり、その稜の先には長い萼片が付いている。

　花は花弁や雄しべが6個で、6を基数にした植物は珍しい。この珍しい植物は鮮やかな黄赤色の果実を作るので、観賞用としても昔から価値があった。

　クチナシは果実が熟しても種子を出さないので、口がないという意味に解釈されることや、果実がクチナという酒壺に似ていることから付けられたという説などがある。

　クチナシが変わっているのは果実だけではない。枝は普通には葉腋から出るが、クチナシの徒長枝では節間からも出る。これは葉腋から出るはずの枝が途中まで茎と癒着しているからで、このような性質を持つものは、他にトマトなどのナス科のものによく知られている。

　果実を乾燥したものを山梔子(さんしし)といって、古くから民間薬として消炎、止血、不眠、その他多くの医療に役立ってきた。

　特に目を付けられたのは、その色素を構成するカロテノイド系のクロシンを利用することで、染色に用いられ、黄色の着色料として沢庵(たくあん)などの色付けにも利用された。

　染料としては飛鳥、天平の頃から使われたことが、日本書紀などにも記載がある。

（F-4号）

　この絵を見れば、クチナシの果実がタコやイソギンチャクに似ていることが分かるであろう。クチナシは、形、色彩、香り、成分などが特異的なために、いろいろな利用がなされた。
　クチナシが多面的に利用されている大きな理由は、毒性がないことである。このため、昔から薬品や食品の色付けに利用されて、食品としての日本文化を向上させてきた。
　常緑植物で、特に花の香りがよいので重宝がられ、生垣や庭木としてもよく用いられている。この匂いでスズメガなどが集まり、花粉の媒介を行う。
　クチナシの花の色彩は、はじめは美しい白色で次第に黄色くなるが、その清純さが香りとともに人の心を癒す。

84 ｜ 五角形の提灯

　毎年、お盆が近付くと、墓参りのために供花の工面をする。そのために昔から必ず供える花の一つにホオズキがある。

　墓参りにホオズキが必要なことは分かっているので、できるだけ自宅で栽培してみようと、もともと屋敷の中に生えていたホオズキを絶やさないようにしている。

　ところが毎年、テントウムシの仲間がやって来て葉や実を食い荒らす。殺虫剤を使えば駆除できないことはないが、雨続きで少し油断すると、もう無残な姿になっている。害虫の攻勢をなんとか潜り抜けて、朱色のホオズキの実が幾つも連なるようになると一安心である。

　ホオズキの実は外側を取り巻く萼が大きくなって五つに裂け、提燈のように中の果実を包み込んだものである。

　あの世に逝った祖先の霊が赤い袋の中に戻っていると信じられ、墓参りの供花にされたり、盆棚に飾られたりして死者の霊を慰める花になっている。

　晩秋まで持ちこたえたホオズキは、提灯（ちょうちん）の役目をしていた五角形の萼が、葉脈だけ残してボロボロになり、中の果実が透視できるようになることがある。

　お盆の頃になると、仏花としての価値とその美しさが受けて、あちこちでホオズキ市が並ぶ。

(F−4号)

　ホオズキの果実は、昔から女の子たちの遊び道具であった。中の種子や果汁を取り出して空っぽにし、口に含む。舌で上手に転がして吹き鳴らし、吹き上げたりして遊ぶ。母親たちもつられて遊んだものだが、今は忘れ去られたままであろう。

　ホオズキは葉も特徴があって、一節に二つの葉が相対して付くが、一方が大きく、他方が小さい。そして、そのほぼ真ん中から花柄が出る。

　萼が果実を包んできれいに熟す植物は珍しいが、他ではドクウツギが花弁に包み込まれて熟す例がある。ただし、ドクウツギの果実は猛毒である。

　ホオズキの仲間に、１年性のセンナリホオズキといわれる植物があり、野生化して荒れ地に生えている。

85 水晶草

　イタドリは山地や堤防、道路、荒れ地などいたる所に見ることができる強靭な多年草である。

　芽が出てきてしばらくすると、タケノコによく似た形になって成長が始まる。その頃の若い茎は、生で食べたり漬け物にしたりすることができるが、やや酸味がある。2メートル近くに大きくなることがあり、茎も太きくなるが、中空なので茎を折るとポコンと音がする。

　葉は先が尖り、下端は一直線に切ったようになって左右が角になっているが、老葉になると風化して分かりにくい。

　イタドリのもう一つの特徴は果実の状態にある。雌雄異株で花弁がなく、開花後に三片の萼が大きく翼状になって種子を包むようになる。

　種子を包んだ萼（花被片）は白色透明であるため、水晶草といわれることがある。近くで見ると、黒い種子を携えた白い釣鐘がぶら下がったように見える。

　初冬になって茎葉が劣化してくると、種子を包んだ萼も茶色を帯びて飛散するようになる。

　イタドリの成長した茎の節を真ん中にして両端をそれぞれ10センチ程度に切断し、端に横から切れ目を入れて水に浸すと数時間後に切れ目を入れた部分が外側に反り返る。それに細い心棒を通して水の流れにかけると、クルクルと回転し、イタドリの茎の水車ができる。

（F－4号）

　イタドリという名前がすぐに思い出せなくても、スカンポという名前は思い付くであろう。子どもの頃を思い出すいい方である。学校帰りに若い茎をかじった時の酸っぱかった経験があるかもしれない。

　イタドリの開花期には、なぜか非常に多くの昆虫がやって来る。雌花にはハチ、アブ、チョウ類など17種が、また雄花には32種が訪れるといわれ、その周辺は賑やかである。

　また、イタドリの葉を喜んで食べる虫もあり、葉が穴だらけになっている様子はよく見かける。

　イタドリは昔から家の周りに自生していたので、子どもの頃から慣れ親しんでいたが、今では子どもたちとは無縁の植物になっているようだ。

86 ｜気ままな裂開

　細い枝がやたらに伸びて、その枝先に赤い果実をつける。細枝に付く果実の大きさは直径10センチもあるので、果実がなるとよく目立つ。

　ザクロが目立つのは大きさや色だけではなく、その割れ方である。果実がどのように裂開するのかは、イチジクやクリが割れるのと同じように予想ができない。気ままな割れ方をする。それが何となく神秘的であり、珍重されることになる。

　果実の形も個性的で、六つに裂けた大きな萼片が先端に残り、割れると分厚い果皮に包まれた淡紅色の果肉が不気味に現れる。無数にある果肉は、種子の周りを包んだ種皮で甘酸っぱい赤く透明な果汁を含んでいるので、種子を除いた種皮を食べる。

　ザクロは果実として野性的性質がよく残されており、幹も捻じれたり瘤になったりすることがある。また短枝には棘があってうっかり触れない。

　果実の来歴には不明な点が多いが、日本へは中国から入ったものらしく、原産地も西南アジア説や南ヨーロッパ説、北アフリカ説などあり、はっきりしていない。

　歴史的に古い発祥なので多くの神秘的逸話があり、忌み嫌われることがある反面、種子が多いので子孫繁栄の吉木としてめでたいことの象徴にもなっている。

（F−6号）

　これは付近の農園に栽培されていたもので、大きな赤い果実が不規則に裂開して中から種子を包んだ果肉が無数に現れ、何とも異様な感じの表情をしている。
　この奇妙な様子が、逆にいえば滑稽なので、最近では食用や医療用にしたりするのではなく、観賞用に植えられる。
　ザクロは若木の時代から果実が付くまでに10年程度かかるので、それまでは花を見て楽しむことになる。病害虫は少ないが、カイガラムシが付くため、すす病の出ることがある。
　ザクロは、他の多くの果実の表面が滑らかなのに対し、裂開など変化が起こるので、絵に描く時の対象になりやすい。

87 食べられる果実

　春先から伸長してきた枝の先に、扇型の花序からなる小さな花がたくさん付く。ハナムグリなどの昆虫がやって来て開花時に受粉するので、秋になるとそこに小さな果実がぶら下がり、霜が降りる頃には粉をふいた真紅の果実になって、いかにもおいしそうになる。

　ガマズミの果実は実際に食べることができ、鳥たちにもよく狙われる。果実酒にすると美しい色になり、食欲増進や疲労回復に役立つという。

　ガマズミは熟した果実が美しいが、秋が深まった頃に見る紅葉も見事である。対生に付いた葉の緑が少しずつ薄まっていき、葉脈から紅化していく様子は、秋の里山に多彩な錦模様をつくりあげていく。

　野山に自生する樹木の果実で、食べることのできるものは多く、特に広葉樹では極めて多種類の木の実が食べられる。

　生食ができなくても、果実酒に適したズミ、ジャムに適したフサスグリ、炒ると美味しくなるスダジイ、アオギリなどさまざまである。アキグミ、アケビ、シャシャンボ、ヤマモモ、ユスラウメなどは、昔、子どもの頃によく味見していた思い出がある。

　よく似たものに、葉が小さいコバノガマズミや、葉に光沢のあるミヤマガマズミがあるが、ガマズミが最もおいしい。なお、他には黄色い果実ができるキミノガマズミやシマガマズミがある。

(F-4号)

　ガマズミは各地の山野によく見られる落葉低木である。散らばった房の塊になった白い小さな花を咲かす。それが秋口に楕円形の果実となって赤く熟し始め、霜が降りる頃、粉をふいて甘くなる。

　ガマズミの属するレンプクソウ科には、他に食用可能な果実としてウグイスカグラ、ケヨノミなどが知られている。

　山の木の実を見つけたとき、食べられることを知っていて一つ二つと味見してみると、その感覚が後まで記憶され、いつか家族で散策するときに山の楽しさを分け与えることができるであろう。

　晩秋の山歩きは、このように夏からの生産物が色付いて、葉の黄化や紅葉とともに山道を楽しませてくれる。

88 ｜ 渦を巻く種子

　真夏の昼下がり、一重咲きの大きなヒマワリが開いているのを見ると、その花の豪放さに見とれてしまう。それを一度絵に描いてみたいと思うようになるし、自分で育てて花を咲かせたいという気にもなるであろう。

　咲き始めた時の元気の良い花の表情もすばらしいが、花の盛期を過ぎて衰えていく風情もまた味がある。咲き終わって花が萎みつつ散り行く姿は、人生をやり遂げたような充実感が漂っていて、3,000個近い果実を携えて枯れる姿に寂しさはない。

　ヒマワリの花は頭状花序といって、小さな花が集合したものである。

　花の周辺を飾っているのが舌状花、その内側にびっしりと詰め合わさっているのが筒状花である。花弁を持つ周辺の舌状花には雄しべがなく、時には雌しべもない飾り花である。花の美しさを演じてはいるが、果実はできない。

　多数の果実を付けるのは、内側にある花弁のない筒状花である。ヒマワリの頭状花序の造りは、表面に無数ともいえる多くの花を、渦を巻いたような螺旋状(らせんじょう)に付けたもので、それを平べったい台に圧縮したような構造になっている。

　花はその盤面の外側から内側へと順に開花する。花からできあがった黒い果実は見事な螺旋を描いて花の芸術をつくりあげる。

(四つ切り)

　ヒマワリの花は太陽を追いかけて回るような印象があるが、そうではない。ただし、蕾ができる頃までの若い苗では向日性があって、朝は東を、夕方は西を向く。花が咲く頃は動かなくなる。

　また、開花は一度に咲くのではなく、舌状花のどれか一つから咲きはじめ、右回り、または左回りに1時間に約1花ずつ増えていき、筒状花が続いて咲くようになる。

　渦を巻いている果実は周囲から花の中心に向けて螺旋状に並んでいるが、左巻き、または右巻きで株に寄ってさまざまな螺旋の形を観察できる。

　たくさんの花が咲くヒマワリ畑では、畑全体の花が同じ姿で、同じ方向を向いているので変化に乏しいが、一つの枯れいく花は変化の凝縮である。

89 | 林の中の明かり

　岐阜市を流れる長良川の近くに、長良川ふれあいの森という公園がある。法華寺の近くの三田洞神仏温泉から森のある方に入り込む。

　公園の入り口付近にはクヌギやアベマキの林があり、そこを過ぎて丘陵を上り下りしながら、比較的樹齢の若い広葉樹が生い茂る細道を進む。林の地面にはコナラ、クヌギ、カエデなどの落ち葉が積もり、薄暗くなった場所にはさまざまなキノコ類が顔を出している。

　目の前に現れたキノコは、食用にできるタマゴタケではないかと思った。傘が黄橙色で山型になっており、つばがあって柄も比較的明るい円柱状になっている。

　キノコの鑑定は専門家でないと難しく、図鑑で調べても信用できない。よく似たものが多く、自信が持てないのである。

　少し歩くと、美しいキノコが出現した。カエデの枯れ葉がキノコの傘に被さり張り付いた姿になっていた。美しいカエデの落ち葉が、電灯のように輝く丸いキノコの傘に透き通って見え、芸術的感覚を感じさせていた。

　そこは薄暗い林の中で、辺りに積もったコナラやカエデの枯れ葉がキノコの明りで照らされているように思われた。配線されたようなキノコのカビの糸が、土の中でお互いに電流を流し合い、キノコの豆電球をあちこちに灯しているかのようであった。

（F-4号）

　森（長良川ふれあいの森）で見た美しいキノコである。黄金色の美しさのために上に被さったカエデの葉が透き通り、辺りを照らしているかのようであった。
　このキノコには発光作用はないが、本当に発光するキノコもある。特に梅雨から夏にかけて出るヤコウタケといわれるものはヤシ科の樹木やタケなどに発生し、集団で発生すると暗闇でも文字が読めるといわれる。
　ツキヨタケも黄白色に光ることができ、暗闇の林を神秘的な劇場にするのである。
　このように、キノコには観賞価値の高いものが多いので、毒性がなく姿の保持期間が長ければ、観賞用に開発されてもよいのではなかろうか。

90 サルの腰掛け

　私の家の庭には昔からシラカシがある。かなりの大木で、おそらく200年以上は経っているのではないだろうか。

　その木が10年以上も前から木材腐朽菌にやられ、内部の崩壊が進んでいる。崩壊が進むと樹皮の裂け目から汁液が分泌する。すると、夏にカブトムシやクワガタムシがやって来る。

　これらの虫は、子どもたちにとっては町の売り場でしか見ることができないので、夏休みに遠方からやって来る孫たちは大喜びである。

　孫たちはおそらく虫にばかり気を取られて、傍にあった大きなキノコは目にもくれなかっただろうと思っていた。

　ところが、それから何年も経ち、大きなキノコのある樹木の水彩画を孫たちに見せたところ「あ、あの木だ」と、虫のでていたシラカシを言い当てたので、私は嬉しかった。

　そのキノコがサルノコシカケ科であるのは間違いないが、名称がはっきりとは分からない。広葉樹に発生し、釣鐘(つりがね)のような形をしていて多層のある山型なので、おそらくツリガネタケではないかと思っている。一度、太い枝で上から力まかせに叩いたことがあったが、そのキノコはびくともしなかった。

　キノコが見つかってからもう10年は過ぎている。そのうちに間違いなく、この硬いキノコも崩壊していく時が来るであろう。

(F−6号)

　このキノコがツリガネタケであるとすると、その所属はサルノコシカケ科であるが、新しい図鑑ではタコウキン科(多孔菌科)となっている。

　子実体が革質、コルク質、木質で硬く、子実層が管孔状であるが、それとよく似た性質をもつ類似の科にマンネンタケ科という分類があって、従来のサルノコシカケ科はそれも含んでいる。

　実際、〇〇サルノコシカケという名が付いているキノコはこのマンネンタケ科に所属しているので、このツリガネタケはサルノコシカケ科の性格を有するキノコと考えるべきものであろうか。

　キノコの同定はなかなか困難である。特に、食べようとする場合には、相当な専門家に聞かないと分からない。

91 | 柄の長い傘

　自宅には1本のクワの株があって、毎年切り倒してもすぐに伸びてきていた。それを何度も伐採しているうちに芽を出す力がなくなり、枯れたようになってしまったので、そこにもうクワがあったことも気づかなくなっていた。

　10月の半ば頃、庭木が重なり合った間から突然キノコの束が出現した。傘を付けた数十個のキノコの集団だったので、その発生場所を探ってみると、以前に伐採して株元が枯れてしまっていたクワの古株からであった。

　わが家の庭に目を見張るようなキノコ群が出現するのは珍しい。私も野生キノコの栽培に少し取り組んだことがあるので図鑑で調べてみると、それはほぼ間違いなくナラタケモドキであった。

　細長い柄が曲線を描きながら伸びてくる。ナラタケに似ているが、つばがないので分かりやすい。このキノコは消化があまり良くないが、食べ過ぎなければ大丈夫と書いてある。屋敷内には毎年キクラゲが出てくるが、また一つ食用きこが顔を出したことになる。

　ナラタケモドキは密集した傘で株全体が覆われているので、手前の部分を掻き取って、全体の姿が見えるようにして写生してみた。

　わが家に食用キノコが増えるのは嬉しいが、一度奇抜な色や形のキノコが出てこないものかと期待している。

（F−4号）

　わが家の庭に発生したナラタケモドキである。はじめは傘が饅頭のように膨れ上っているが、そのうちに平らになる。傘は黄褐色または淡褐色である。

　この絵は手前の部分が取り去られているが、発生した状態では全体が傘で隠れるので、柄の部分は見え難かった。株の一部を取り去ってみると、柄の色も傘とほぼ同じであった。柄は細いがしなやかで、繊維質である。

　サクラ並木がこのキノコの菌に侵害されて枯れるので、よく見かけることがある。食べようとするときは、種類の判定に十分注意し、やはり専門家の判断に従うことである。

　キノコ栽培は昔から興味があり、いつか光るキノコなど観賞用キノコの人工栽培を夢見て器具を揃えたが、今は住み場所が変わり、不可能になった。

92 │ 枯れ木に耳

　春から秋にかけて、枯れた木の表面に薄皮上の粘質物が張り付いていることがある。キクラゲはそんな感じである。

　できはじめは、柄の部分が短い太めのこうもり傘を、枯れ木に突き刺したようなものである。表面は丸みがあってキノコらしい形が整っているが、乾燥が続くとすぐに干からび、傘の部分はゼラチン質の感じで盆状になったりもする。さらに耳たぶのように皺が多くなり、他のキノコと癒着することもある。キクラゲは極めて多くの広葉樹の枯れ木や倒木に発生する。

　私の家では、シラカシやタブノキの枯れた太い枝に発生したことがあった。森林での発生が目立つキノコなので、その気になって探せば見つけやすいキノコであろう。

　キノコの外側には柔らかい毛が密集し、内側はすべすべしている。内側には胞子を作る器官（担子器）があって、そこで胞子を作る。

　表面の色は淡褐色または黒褐色で、できたばかりの傘は３～10センチ、肉の厚さは２～５ミリである。

　キクラゲは見た目に気持ちが悪いので食材とは思えないが、鉄分、カルシウム、食物繊維などが豊富で、人体の免疫機能を高めるといわれる。原木栽培やのこくず栽培が比較的容易なので、他の人工的なキノコ栽培より取り組みやすい。

（F-4号）

　わが家の庭のシラカシの枯れ木に発生したキクラゲである。少し干からびて、人間の耳のような状態になっている。

　キノコらしくないキノコであるが、このような気持ちの悪い無味無臭のものが人間に有効な養分を含み、免疫能力を高めるとは想像し難い。

　ありふれたキノコなので、森や林を探せばいくらでも見つかるはずである。

　人工栽培のキクラゲも野生のものと変わりなくおいしい。和風または中華風の料理に欠かせないものになっている。

　キクラゲにはアラゲキクラゲなど別の種類も栽培されている。キクラゲの絵を描こうとした場合、絵のような干からびた場面が相応しいのか、子実体が発生したばかりのキノコらしい姿がよいのか迷うのであった。

絵画編

草

93 河川敷の変遷

　昔、大河川の下流は水が流れる幅が広かったためか、今のような広い河川敷はなかった。いつの間にか川幅が狭くなり、広い砂浜ができあがって、そこに樹木が生えるようになった。

　樹木のほとんどは山地のものであり、アキニレ、センダン、ムクノキ、エノキ、ネムノキ、ヌルデ、アカメガシワ、それにオニグルミなどである。樹木が生い茂るようになって約50年、河川敷は高木の森となり、人間の侵入を阻む沼地に変貌した。

　オニグルミやアケビは食べられる珍種ではあるが、その木があるところまで徒歩で到着するのがたいへんなので、高木の生い茂る荒れ地に入る人はほとんどいなかったに違いない。

　ところが、ある年、突然これらの森は、国土交通省により一瞬にして伐採された。木があると河川の流れ方を測量するのに不便なためという理由であった。

　伐採されたのは秋から冬にかけてであったが、翌年の春に植物群落がどうなるのか興味があった。

　春先、伐採跡にはまだ少し空き地があったが、夏になると空き地はあっという間にイネ科植物とセイタカアワダチソウに侵入され、秋にはオギ、アシ、セイタカアワダチソウの3種類の植物が、以前の高木の森を完全に埋め尽くして花の密林をつくりあげた。

（F－6号）

　平成21年秋の木曽川河川敷である。高木の森が伐採された翌年には、単純な植物相に変化した。

　白い花の部分がオギ（ススキの類似植物）、褐色部分がアシ、黄色部分がセイタカアワダチソウの花である。

　中でもオギは凄まじい侵入を見せ、河川敷の大部分を埋め尽くしていた。それ以後、この勢力図はほとんど変わっていない。

　オギはススキと見かけが似ているので、河原にあるのがススキだと思っている人が多いが、水辺に近いところはオギの大群であることが多い。

　オギ、アシ、セイタカアワダチソウはすべて多年生なので、河川敷が高木で覆われていた時期から侵入があり、伐採で一気に広がったのであろう。

94 木を包む草

　大きな川の河川敷など、木や草が手入れされていない場所では、植物は自由に生育する。人の出入りする場所に草が生えれば、それなりに管理されるが、河川敷では植物たちは好き放題である。
　成長を遮るものは強風ぐらいのものなので、草木は無数に伸びて曲がりくねり、蔓植物は遠慮なく近くの木に這い上がって行く。
　その様子は、植物が成長する夏場では自然の成り行きに任せて特に目に止まらないが、冬になるとあたりの草が枯れてしまうので、木に巻き付いた植物たちの光景が異様に目立つのである。
　その気で見れば、その光景は妖怪の住む雰囲気を感じさせ、おとぎ話の世界を作り上げるように見える。そのように空想すると、枯草も観賞価値は十分である。
　低木に這い上がり、突き出た枝のみ残した裸木に覆い被さっている植物は何であろうか。近くに行き難いので分からないが、夏場に見かけたものから想像すれば、おそらくクズ、ヤブガラシ、カナムグラ、ヘクソカズラなどであろう。
　それは蔓植物たちが夏場に自由に成長し、重なり合って共存していた生活の場の遺構であり、河川敷特有の小宇宙空間でもある。
　SF映画はおそらくこのような場面が良い題材になり、子どもたちが楽しめる構成になって行くのであろうか。

(F-6号)

　木曽川河川敷で見た真冬の蔓草群である。雑草が生い茂る夏場とは違って、異様な別世界である。

　蔓植物が共生してつくりあげる世界は、動物たちの生活の場でもある。バッタなど昆虫の越冬場所になり，ノネズミやモグラたちの坑道の出発点になるのかもしれない。

　最近、河川敷にはウグイスやキジが多く棲息しているが、こんな場所こそ真冬に探検して、河川敷に棲む動物たちの生態を観察してみるとおもしろい結果が得られるであろう。

　このように冬に残された枯草の密林が、絵として適切なのかどうか分からないが、身近にある自然の生態として紹介する。

95 | 枯れた存在感

　山野草や人里植物といった草本性の植物たちは、生育中にそれぞれ独特の個性を発揮した姿を示す。生きるために必要な器官を作り上げ、生殖作用を営みながら次の世代を準備して、その生活を終えていく。

　種子や、生き残るための根を残して枯れた植物は、その植物自身のためと他の植物のためにも、有機物としての栄養源と有用菌が育つ資源を残して身を引くのである。

　植物は死滅していく時に、自然界の中でどのような存在感を示しているのであろうか。個々の植物自身は、もしかしたら自分の繁栄以外のことは眼中にないかもしれないが、大自然の中での共存性を考えると、生物はお互いに意外な方法で共存しているのである。

　動物の中で独特の意識を持つ人間は、死に行く枯れた植物たちを自然環境の維持などで、それなりに利用していると思われる。

　人間は自分以外の物を見て何かを意識することができる。見て感ずる力があるからである。枯れ行く植物に人を魅了する要素があれば、それは植物との一つの共存である。共存は人間同士だけではない。生物や無生物も含めてお互いに上手に暮らし合う意識が人間にないと、人間に良い未来はやって来ない。

　河川敷に生きては枯れるオギやセイタカアワダチソウの姿は、何だか人間に対して自分の存在感を示しているように思われる。

（F－6号）

　岐阜大学の農場から山手の方角を見た景色である。そこにあったのは、数本の枯れたセイタカアワダチソウであった。
　セイタカアワダチソウは枯れる前に黄色い花が咲き、それが終わると子孫繁栄に繋がる綿毛を着込んだような果実を付け、一種の貫禄を示す。根はまだ生きているが、この絵は一つの生涯が終わった姿を示していて、このようになるまで懸命に生きてきたという、安堵の表現ともいえよう。
　この姿を見て、私たちはセイタカアワダチソウの、過去に他の生物たちと共存し合って来た生涯を思い起こすことができる。
　前項の枯れた蔓草群と類似しているが、ここでは一個体ずつの枯れ姿を観賞材料にして、その生涯を振り返りたい。

96 野草の生け花

　70年以上も前の記憶であるが、木曽川下流の堤防には美しい野草がいっぱい咲き乱れていた。カワラナデシコなど、今では絶滅危惧種になっているものも含め、野草を採って楽しく遊んだものである。
　この土地を40年もの間離れていたが、再び昔のように木曽川堤防に行くことが多くなった。
　今、ここに生えている野草のほとんどは、昔の野草ではない。カワラナデシコやマツヨイグサなどはとっくに消えてしまっている。そして、帰化植物といわれる新しい野草が随分多くなってしまった。
　現在、すぐに見つかる野草たちを見てみよう。ノアザミ、コウゾリナ、コバンソウ、シロバナマンテマ、イヌコモチナデシコ、ヒサウチソウ、ノジトラノオ、ヒナギキョウ、オオキンケイギク、ヤナギハナガサ、ヤセウツボ、クララ、ツルボ、ツリガネニンジン、ヘラオオバコ、ワレモコウ、スミレ、ネジバナなどである。これら多彩な野草が、開花時期は違うが堤防の1キロメートル以内の距離に見られる。
　このような新しい野草に、子どもたちは興味があるのだろうか。今は子どもたち同士で堤防にやって来ることはない。来ていても河川敷でスポーツをするためであって、野草に関心はないのである。
　そこで、せめて切り花にして紹介してみようと、わずかな野草を摘んで花瓶に生けてみた。

（F－6号）

　木曽川堤に花咲く野草の一部である。ガガイモ、ヒメジョオン、ムラサキツメクサ、ノボロギク、ネズミムギ、イモカタバミ、コウゾリナなどが見られる。

　河川敷や堤防に生える野草は、意外と早く移り変わっていく。私が故郷に戻って十数年になるが、戻った当時に見た野草群が、もうかなり変化した。

　消えかけているのがコバンソウ、オオキンケイギク、ツルボなどで、新しい野草がヤナギハナガサ、イヌコモチナデシコ、シロバナマンテマなどであった。ただし、タンポポは全面が在来タンポポであった。

　室内に生け花を飾るにも、みんなに関心がなかった野草を束ねてみるのもおもしろい。もしかしたら、子どもが関心を持ってくれるかもしれない。

97 繁殖の妙手

　ショウジョウバカマは花や葉が特徴的で美しい野草である。それほど高い場所に行かなくても、湿地帯であれば見つかることが多いので、たいへん人気がある。

　名前の由来については、一つには赤い花を猩猩(しょうじょう)（想像上の動物で酒が好きな霊獣）に見立てることや、あるいは寒さで赤くなった葉をハカマに見立てて名付ける考え方などがある。

　葉が冬の間に赤くなるのはアントシアニンが作られるためで、冬の寒さに耐える力になっている。

　冬は多数の葉が地表面に放射状に広がり、ロゼットを作る。春に雪が解けるのを待って、鱗片葉が数個付いた花茎を伸ばし、先端に赤い花を3〜5個ほど密生する。花の色は白、赤、紫など幅がある。

　花が咲く時は花茎の長さが15センチほどであるが、花が咲いた後は果実を乗せて著しく伸長し、60センチほどになる。

　このように伸びるのは、糸くずのような形の小さい種子を、少しでも遠くに飛散しやすいようにするためである。線形の種子は飛びやすいように両端に尾が付いている。

　さらに、ショウジョウバカマは無性繁殖によっても子孫を残す。長い葉先に子苗を形成し、念には念を入れた対策を取り、繁殖のためにさまざまな手を打つ。

（F－6号）

　子孫を増やすために、花茎を長く伸ばして種子を飛散する技術はタンポポなども行うが、ショウジョウバカマのように60センチも伸びることはない。

　また、有性生殖で種子を作る他に、無性生殖でも子孫を残す植物は多い。

　無性生殖とは有性生殖のように雄と雌の合体なしに繁殖するもので、株分けや組織培養のような手法を植物自身が行うものである。ショウジョウバカマのように葉先に子苗を作るのは極めて珍しいが、セイロンベンケイソウなどは葉先に子苗を作る。ヤマノイモが作るむかご、オニユリの鱗芽、コモチマンネングサの珠芽などは葉の変形である。

　このショウジョウバカマは、岐阜市にある畜産センターの里山へ登る場所の、湿っぽい道筋で見つけた。

98 一枚の葉

　岐阜市の金華山に登ると、頂上付近の一帯に細長いうちわのような植物が群れをなしているのを見る。ヒトツバというシダ植物で、金華山の名物植物である。岩山である金華山が、ヒトツバの生育によく合っているのであろう。

　もともとヒトツバは、日当たりの良い場所の岩や石に絡み付くような状態で根茎を張り巡らせる性質のある植物で、そのあちこちから1枚の葉を出してくる。

　葉は針金状の硬い葉柄の先にあって、上の方を向いて開く。葉には胞子のうという独特の構造を持つものと、それがない全面が緑色の葉になっているものとの2種類がある。ヒトツバの葉は革質で硬く、表面は一面に細かい星状毛で覆われているので、毛羽立っているように見える。

　生育は乾燥しやすい場所が良いが、湿気のある場所でもよく生育するので、山の岩場だけでなく、庭の片隅や林の中でも育てられる。

　葉の先端が分裂したものや、葉が波を打っているものなどがあるので、ヒトツバの品種の多さを利用して観賞用にそれらを組み合わせて見るのもおもしろい。

　幸い、ヒトツバを侵害する害虫や病害はあまり見たことがないので栽培には好都合である。

(四つ切り)

　この絵は、金華山の岐阜城付近の少し窪んだ場所から下に降りて、上方を振り返って描いたヒトツバの群落風景で、その壮大な繁殖地をうかがい知ることができる。

　右側に大きな岩があるが、その日が当たる南側斜面にはヒトツバが群をなして連なっているのが分かる。岩の手前にアラカシがあり、落葉した葉が栄養源になっているのであろうか。

　岐阜市の金華山にあるヒトツバは広く有名であり、ロープウエーから見える広葉樹の間の岩に群生している様子は、金華山の見どころでもある。

　ヒトツバは日の当たる乾いた場所を好むので、家庭で育てる時も水やりに気を付ける必要がなく、育てやすい。

99 | 葉裏に気泡

　池や沼には多くの植物が生育するが、それらの中にはたいへん美しい花を咲かせるものが多い。よく知られている植物では、美しい小さな花が咲くホテイアオイ、アサザ、コウホネなどがある。大きなものになると葉の直径が2メートル近くにもなるオニバスが有名だ。
　そのような水草の中で、白い清純な花を泥沼の中から突き出すように咲かせているのがトチカガミである。
　花は雄花と雌花が別で、いずれも3枚になった透き通りそうな花弁があり、水面から立ち上がって開花するが、わずか1日で萎（しぼ）んでしまう。雄雌の区別は花の中にある雄しべと雌しべの確認で分かる。
　葉の形は1か所にハート形の切れ目が入った円形で、普通は水面に浮かんでいるが、葉が混み合ってくると水面を離れて葉柄を伸ばし、立ち上がる。
　水面にある葉の裏側を見ると、葉の中央部分が膨らんでいて中には空気が蓄えられている。水面から立ち上がってきた葉には気泡がない。
　成長が非常に速いので、狭い場所ではすぐに葉がいっぱいになり、押し合いながら盛り上がってくるのである。
　水の中では、白い根が細かいひげ根を付けて無数に広がって伸び、水底で横に這って増えていく。トチカガミはガガブタとよく似ているが、ガガブタは葉の幅が広く、花弁が5裂している。

（F－4号）

　沼などに浮かぶ葉の大きな植物には、ガガブタ、ヒツジグサ、オニバス、ジュンサイなどがあるが、トチカガミのように葉に浮き袋を持ったものは珍しい。しかし、越冬のための芽の葉には気泡がほとんどない。一方、ホテイアオイやヒシは葉柄に空気を入れて膨らんでいる。

　トチカガミの葉の下側には、多くの気泡が集まって浮き袋になっているので、その葉を水中に入れて潰すと空気が押し出されてくる。

　葉柄の直下にある小さな葉を托葉というが、トチカガミのような単子葉類で托葉を持つものは、ヒルムシロとともに珍しい。

　ガガブタ、スイレン、トチカガミなどは、その姿がお互いによく似ているが、科の種類が異なり、独自の生活様式を持つ。

100 山菜と野菜

　ウドは山道を下り人里近くになって、フキやタケニグサが目に付くようになった場所で見つかることが多い。

　こうした山野に生えているウドは、便宜上ヤマウドと呼ばれて、栽培されるウドとは区別している。青々として香りが強く、茎に毛の生えた野生的な植物で、山菜の代表でもある。

　ウドは成長が早く、大きくなると木のように見えるので、「ウドの大木」と呼ばれることがあるが、一説には「洞の大木」つまり、木材として中が腐って役に立たないという意味からなまった諺ともいわれる。

　ウドはタラノキとも似たような感覚があって、大きな複葉を持ち、その上部の葉の脇から大きな円錐形の花序をだす。上の方に雌雄がある両性花、下部には雄だけの花を付ける。

　江戸時代から軟化栽培が始まった。寒ウドは冬の間、盛り土をしておいて、頭を出した若芽を収穫し、高級な野菜として扱われる。ウドを料理する時は、アクを抜くために皮を剥いてすぐに水や酢水につけておき、天ぷら、味噌漬け、あえ物など、立派な野菜として食べることができる。

　他には、深山に生えるミヤマウドといわれる別種のウドがあり、淡紫色の花がまばらに咲く。

(F-4号)

　野菜というのは、もともと野山に生えた草木の芽を摘んで利用したことが始まりで、長い年月をかけて改良されてきた。改良経過とともに野菜は少しずつ一般の人に利用されてきたが、まだ野草を利用した時代が江戸時代まで継続していた。
　野菜が野草からの変遷で成り立っているように、山菜も栽培されている野菜以外の、山野に生える食べられる植物である。
　この頃では、その山菜の魅力が深まって栽培されるようになり、野菜化の流れに乗るようになっている。
　なお、ウドというのは「独活」と書かれるが、「生土」と表現されて、土から芽が持ち上がるという解釈もある。

○ はがき絵編

幹・枝

1 │ 樹皮の模様

　大きな樹木の肌を見ると、その植物の種類に応じたさまざまな形や色が現れている。冬の落葉樹は特に分かりやすいので、木肌の観察散歩をしてみるのも楽しみである。

　木が大きくなると、樹皮がコルク形成層の分裂により引っ張られ裂け目ができるので、いろいろな形の剥離模様が現れる。

　その様子は鱗状であったり、紐状であったりするが、広葉樹では鱗状に、針葉樹では縦に長い紐型になりやすい。プラタナス、ナツツバキ、カゴノキなどでは特に美しい剥がれ模様になる。

　金華山頂上付近でヒメシャラの大木に出合った時、その樹皮の模様が見事で、剥離が組み合わさった状態とその色彩の変化が見事な芸術を生み出していた。

2 │ コルク層の怪物

　古木では、前述のように幹の表面にできたコルク層が多彩な剥がれ方をして模様を作るようになる。

　変わったものでは、ニシキギやモミジバフウのようにコルク層が枝の表面に積み上がるようにして突出してくるものがある。

　一方、幹がいつまでも緑色を保っているアオキは、何年もコルク層を作らない代表的な植物として知られている。

　ところが、ある時、ふと見ると2本の太いアオキが、幹の所どころで太い縞のある虫に取り囲まれているように見えるものがあった。

　よく見ると、それは紛れもなく堆積したコルク層で、中には放射状に羽を広げたようになった怪物も見られた。若いうちはできないコルク層が、晩年には局部的に目立つことがあるようだ。

はがき絵編 ● 幹・枝 │ 223

3 | 合体した木

　前節で一つの幹に2個以上の年輪があることを話題に取り上げたが、それを外から眺めた例があった。ツバキの古木同士が途中で接し合い、合わさった状況で、この絵は実在の写生である。
　隣接した複数の樹木が生育の過程で接触し、合着して樹液が互いに通い合うようになる。こうしたものを合体木という。
　古い樹幹同士の場合が多いが、同じ木の太い枝が互いに合着することもある。同じ種類の樹木が合わさるのはよく見るが、稀には違う樹木が互いに合体することもある。
　好き同士の樹木なら好んでくっつくかもしれないが、互いに嫌な樹があっても逃げられない。嫌な木同士の生命力が全く異質であったら、どのように育っていくのか心配である。

4 | 翼のある茎

　植物の茎から翼の出ているものがある。普段見かけることは少ないが、普通はニシキギぐらいしか見かけないであろう。
　ニシキギでは茎に沿って縦に四列が並び、枝の先端から眺めると十字を作っているのが分かる。茎に翼を作っている植物には、他にモミジバフウやコマユミなどがある。
　植物の幹にできるコルク層は、表皮の細胞壁にできる保護層であり、樹木が大きくなると剥げ落ちたりする。
　しかし、中にはこうして表皮の中から外部へ突出してくるものが存在する。
　翼は、年々基部に積み重なるように成長していくので、縞模様になっているのが観察できる。

5 │ 年輪の差異

　里山に入ると、いたる所に伐採された樹木の切り株がある。古くなると年輪が不明瞭になるが、新しいものははっきりと見える。
　年輪の輪の形が円になってはいるが、形が乱れて一方に片寄っていたりする。年輪は形成層で作られる細胞が、春は大きくて壁が薄く、夏を過ぎてからは小さく壁が厚いために生ずる境界である。
　温度や水ストレスなどによって成長が抑制されると、年輪に変化をもたらす。年輪の片寄りは、例えば樹木が斜面にあった場合、針葉樹では谷側に、広葉樹では山側に年輪層が広くなる。
　前節で掲載したように、斜面に生えている木は、谷側や山側に膨らんで曲がることがあるが、年輪の幅は木の種類によってさまざまである。

6 ｜襟と皺

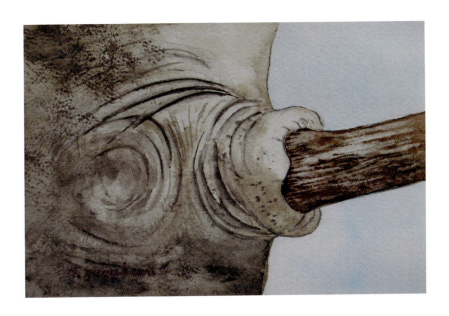

　人間にシミやソバカスがあるように、樹木の幹にもさまざまな表情がある。例えば樹皮の割れ目、皮目、皺、葉痕などである。
　葉痕とは、枝が伸びる時に葉のついていた痕で、枝の成長とともに広がっていったものである。
　皺は枝の重さや風圧などによって、彎曲した場所に蛇腹のような横皺ができる現象で、幹が生長すると押し付け合ってよく目立つようになる。
　その他に、襟または鍔といって、幹から伸びる枝を支えるために、幹の範疇でありながら枝の付け根の部分まで少しはみ出している部分のことである。枝の方が枯れてしまうと、襟の部分が枯れないで残るのでよくわかる。

7 ｜ 平たい茎

　植物の茎の断面は、多くの場合丸くなっている。中には四隅の維管束が発達しているオドリコソウ、イノコズチ、アカネのように四角になっているものもある。また、カヤツリグサの花軸は三角である。
　これらはいずれも正常な組織のことであるが、異常な組織、つまり奇形としての茎で扁平な形の茎（帯化）も見つかる。
　実験的には生長点がガンマー線などの放射で破壊され、平たい茎になることがある。
　しかし、平たい茎は結構あちこちで見ることができ、この絵のようにわが家の庭先にあるフヨウでも発生し、公園のメドハギで見たこともある。タンポポの花軸でも見ることがあり、原因として土壌中の特定な物質が関わっているという説がある。

8 | 地面からの筆

　春らしい暖かさが感じ始められる頃、田舎道を歩くと田んぼの土手にツクシが現れているのを見る。初めは葉が見当たらないが、じきに小さな葉が顔を出す。

　ツクシはスギナの生殖茎であり、シダ植物としてのスギナの繁殖に必要な胞子を作る場所で、その形が筆に似ているのでツクシを「土筆」と書く。

　筆の先にあたる胞子嚢穂(ほうしのう)は表面に六角形のかたまりが集合し合っていて、初めのうちは分かりにくいが、しばらくすると離れ合い、その隙間から緑色の胞子が飛び出す。

　ツクシの茎の途中に幾つもの「はかま」と呼ばれる葉に見える筒状のものがあるが、これは節にある葉鞘(ようしょう)に当たる。

9 │ 寄生する野草

　草本には葉緑素を持たないグループがある。他の植物の幹や根に寄生して、そこから栄養をもらって生活する植物である。

　寄生植物というと、ヤドリギなどではサクラやブナなどの落葉樹の幹に寄生根を食い込ませ、養分や水分を摂る。ナンバンギセルやハマウツボなども寄生して生活する。

　羽島市の堤防で木曽川沿いを歩いていたら、ハマウツボと同類のヤセウツボを見つけた。全体が淡黄褐色で、先の方は膨らんで淡赤褐色になっていた。ヤセウツボは木曽川堤の東側に生息するが、以前より勢力を拡大しているように思われた。

　キク科、マメ科、セリ科などの根に寄生するといわれるが、その根元付近に該当する植物が発見できず、不思議であった。

10 幾何学的な茎

　ヤブガラシという、どこにでもある雑草らしき人里植物がある。この植物がはびこると、藪までもが駆逐されるという例えから、その名前が付いた。

　ヤブガラシは蔓植物であるが、茎が幾何学的なジグザグになる。茎は主軸が生長を止めて蔓や花が付く軸に変化し、その節から出る太い側枝が主軸になる、という具合の成長を繰り返していく。

　この成長の仕方を仮軸分枝と呼んでいる。花序も枝分かれしてジグザグになり、幾何学的模様を形成する。

　果実ははじめ赤っぽい花盤という花托（かたく）の一部に埋まっているが、次第に成長し、青黒い光沢のある球状の果実になる。果実は極めて落ちやすく、遅くまできれいについているのは珍しい。

葉

11 | 落ちない枯葉

　秋になって枯れる葉の多くは、朱色や黄色になってヒラヒラと舞い落ちる。秋は落ち葉の季節である。
　しかし、ある樹木類では褐色に枯れた葉が、いつまででも小枝に残っていて地上に落下しないものがある。
　そのような樹木にはアベマキ、コナラ、クヌギ、クリ、カシワなどがある。長い冬が過ぎ、新芽が吹き、強風が吹きすさぶ頃になって、やっと枯れた葉がちぎれるように飛んで行く。
　秋に落ちる葉には、葉の付け根に離層という葉を落とす組織ができるが、これらの樹木には離層ができない。
　もともと秋の落葉を知らなかった南方系の樹木が、日本に居つくようになっても落葉するための機能が備わらなかったからといわれる。

12 常緑樹に寄生

　ツバキの林を何となく眺めていたら、その中にツバキとは違う奇妙な葉が見え隠れした。別の植物が混在しているのかと思った。

　ヒノキバヤドリギがツバキに寄生していたのである。サカキ、ツツジ、キンモクセイ、イヌツゲ、モチノキなど、主に常緑樹に寄生する。ヤドリギが落葉高木に寄生するのとは異なる。

　節が多く、扁平な茎を持つ植物で、節の両側から葉が鱗片状の突起として存在する。節には黄緑色で小さな花が付き、果実を結んで熟すと、宿主の樹皮に付いて発芽する。宿主から栄養分を横取りして育つが、自分でも光合成をしている。

　岐阜県立美術館へ左側から入り込む道沿いの土手のツバキに、ヒノキバヤドリギが数多く寄生しているので観察するとよい。

13 | 葉の裂け方

　イチョウの葉は普通の葉とずいぶん違った形をしている。イチョウとよく似た葉を持つ木は他にない。
　葉は扇型をしていて、二股に分かれた葉脈が扇のもとに集まっている。葉には細かい楔(くさび)形の切れ込みが見られることがあるが、古い時代の化石の葉は切れ込みがもっと深い。
　葉の切れ込みは剪定したあとに出る葉や、実生の葉で見つけやすい。化石にあった時代の先祖返りとでも言えよう。
　イチョウの葉には他にも変わり者があって、ラッパのように葉が筒状になったものや、1枚の葉の一方に種子が付く「お葉付きイチョウ」のできる特定の木がある。これは、花軸と葉が共通の基本構造をしていることを示すもののようである。

14 │ 編み笠の堆積

　田舎道を歩くと、路傍の草群でよく見つかる蔓草がある。隣接する植物に手当たり次第巻き付き、覆い被さっていく。

　その様子は、万葉集に「やえむぐら　茂れる宿の寂しさに　人こそ見えね　秋は来にけり」と詠われている。この「やえむぐら」とはカナムグラのことのようである。

　カナムグラは全体にザラザラした粗い毛があり、葉は掌状に5〜7裂になっている。雌雄異株で雄花は小さくばら付いた花が円錐状に広がるが、雌花は鱗片のような苞葉に抱かれて、ちょうど編み笠を重ねたような形になっている。

　ビール醸造に用いるホップによく似ているが、こちらは苦味がなく、代用にすることはできない。

15 | 紅紫の葉

　若葉が赤く染まる植物は多いが、この植物の色はまた格別である。アカザの紅紫色はベタシアニンといって、その色素が葉の表面から球状に飛び出して細胞に含まれている。茎は緑色であるが、葉柄の付け根の隆起部が赤くなる。

　アカザは元来、食用に栽培されていたものが野生化したもので、多くの窒素分を吸収するが、同じ畑に長く留まらない性質があるようだ。

　若い頃にいたる所で見かけたが、この頃ではほとんど見たことがない。シロザの変種として扱われているが、シロザよりも著しく大きくなり、茎を杖に使用することができるともいわれる。

　葉をたくさん食べて、日光に当たった時に中毒疹を起こすことがある。上の絵では、左がアカザ、右がシロザである。

16 四つ葉と五つ葉

　クローバーは道端や野原、あるいは公園などどこにでも見ることができる。マメ科なので、根粒菌の働きで空中の窒素を利用して栄養源を作ることができ、場所を選ばず育ちやすい。

　クローバーに四つ葉があり、それが見つかると幸運をもたらすと聞くと、大人でも時には興味を示すものである。

　小葉が4枚になる理由は、踏み付けられて傷が付いた成長点が異常分裂するためという説のほかに、遺伝的な性質によるもので同一株に多く、翌年もその株に多く発生するという説とがある。

　身近にある植物なので、ある日、地元にある公園で孫と一緒に探し回っていたら、五つ葉まで見つかって孫たちがたいへん喜んだ記憶がある。

17 | 葉と葉鞘

　タケはイネ科の植物である。イネ科は茎が中空で、その周りに葉鞘という筒型の茎を取り巻く組織がある。タケノコにもまた葉鞘に当たるものがあり、周りにしばらく存在している厳めしい鎧のような皮がそれである。

　タケノコの皮と普通の植物の葉とは同一の性質を持つものなので、タケの皮の部分は葉柄に当たるべきであり、その拡大形式として葉鞘を形づくっている。その先に付いている小さな尖った部分が葉身になる。

　タケは節ごとに交互に枝が出るが、タケの皮の方も交互に節から1枚ずつ付くのが普通である。

　タケはそれぞれの節に成長帯があるので、その成長は節の数の倍数になり、猛烈な速度で伸びていくことになる。

18 片寄る葉群

　水辺に群れをつくる植物にアシ（葦）がある。最近ではイネを栽培しない休耕田にも侵入している。

　アシは群生しているので、1本1本の葉の並び方まで見ることはないが、よく見ると互生といって左右交互に並んでいる。しかし、どういうわけか中には葉の位置が一方に片寄ってしまい、並んで付いているのが多く見られる。

　これを昔から「片葉の葦」といっている。季節風によって葉鞘が片側に寄ってしまったためだといわれるが、風の影響がないと思われるところのアシにも稀にこの現象が見られるので、どうも風だけが理由ではないように思える。アシは夏の終わり頃になると、大きな円錐状の花序を出し、淡緑色の穂を付ける。

19 | 昼寝する葉

　植物の葉が夜間眠りにつく例は比較的多い。川辺や山地にあるネムノキや水田に生えるクサネムは、夜になると葉を閉じる。
　その他にもカタバミは3枚の葉が接し合い、スベリヒユはお互いの葉を寄せ合う。それらに比べると、昼間に葉を合わせて眠る植物は比較的少ない。
　オジギソウは手で触れれば昼でも葉を素早く閉じてしまうが、太陽の光の強さの加減で葉が閉じたり、開いたりする植物はクズである。
　クズが真夏に葉を閉じて揺らめいている光景はよく見られる。光が強過ぎると、3枚ある小葉のうち中央にある葉を中に入れ、左右の葉が表側を向かい合わせにして眠る。
　植物は動かないが、花も葉も環境に合わせて運動するものがある。

20 | 複雑な葉型

　カジノキやコウゾを除くと、ほとんどの植物は固有の葉の形が決まっていて、大きく異なった葉が出現すれば、それは別の植物であろう。
　しかし、ノゲシ（ハルノノゲシ）やアキノノゲシは葉の形の変化が大きい。茎の付く場所によって形が違うことがあり、葉の切れ込みが深く、１枚１枚が同じとは限らない。上の絵はノゲシを描いたものである。
　ノゲシはアキノノゲシと比べると切れ込みが浅いが、それでも鋭く、棘と化して手を刺激する。ノゲシは葉の耳が尖っているのでアキノノゲシやオニノゲシとは区別が付く。
　どちらも葉に傷が付くと乳液がでて、皮膚に付くとべとべとに固まる。ノゲシは茎が中空であるが、アキノノゲシは白色の髄がある。

21 葉並びの妙

　クサギという手で揉むと臭いのする植物があるが、それとは別に、コクサギというやはり手で擦ったりすると強い臭いを発散する低木がある。

　クサギの葉の配列は互生といって左右交互に並ぶが、コクサギは異なる。コクサギの葉は枝に対して右右、左左と2枚ずつの葉が連続して交互に並ぶ。この並び方をコクサギ型葉序と呼んでいる。

　葉の付き方には一つの節に3枚以上の葉が付く輪生、2枚が相対して付く対生、それに互い違いに付く互生があるが、それらは輪生、対生、互生の順に進化してきたとされる。

　コクサギ型葉序は対生から互生への移行型で、他にケンポナシやナツメなどがそうである。

22 | 放射状の葉

　植物の葉が茎に付くとき、交互に付いたり、対になって付くのが普通である。

　そうではなく、根際から多くの葉が直接地表に出ることがあり、それを根生葉、または根出葉という。あたかも根から葉が生じているように見えるが、正確には地下茎から葉が生じているのである。

　根生葉は開花する年の前年の終わりに発芽して冬を越し、多くは春から成長するが、その多くはロゼットといわれる葉の出方で、上から見ると多くの葉が放射状に並んで、バラの花のようである。

　この絵はタンポポのロゼットであるが、どの植物も葉の形が比較的よく似ているので、種類が区別し難い。例えタンポポであっても、温度などによって葉の切れ込みが異なる。

はがき絵編

花

23 | 花の歯車

　サルスベリの花は少し離れて見ると、何とも皺の多い異様な姿をしている。そのために花弁の形がどうなっているのかすぐには分からないものである。
　近くに寄ってよく見ると、周囲が複雑に入り込んだハボタンの葉のようで、6枚の花弁が歯車のようにしべを取り巻いている。さらに変わっていることは、雄しべがたくさんある中で、外側の6本が著しく長く、花と同じ色になっていることである。
　花の色は赤紫色が多いが、現在ではいろいろと品種が増加し、八重咲きも存在する。
　サルスベリは樹皮の形成が悪く、剥がれ落ちやすいのでつるつるしており、サルも滑るという意味から名付けられた。

24 | 藍色の宝石

　白い花の美しさに魅かれて近寄っても、葉の悪臭に押されて花から漂うユリのような芳香が消されてしまう。
　夕方から咲き始めるクサギの花は、チョウ類の媒介で受粉して、秋には果実ができあがる。
　果実は丸く、黒っぽい藍色で美しく輝いている。その下側には厚い萼片が紅紫色をした星形の座布団のような感じになって、その上にある藍色の宝石を支える。この果実は内部に硬い核があって、その中に種子を含んでいる。
　クサギの花は自家受粉が避けられるように、初め雄しべだけが前方に突き出ているが、そのうち雄しべが後ろに下がり、柱頭が前に出て、他の花の花粉を受けるようになる。

25 | 鱗片の集まり

　クロマツの雌花は勢いの良い小枝の先端に2、3個形成されて、それが生長して松毬（マツカサ）になっていく。鮮やかな紅色で、その形はすでに松毬と同じである。雄花は枝の下側に付いていて、これも基本的に松毬のような形になってはいるが、花粉を飛ばしてしまうと、脱落してしまう。
　両方とも構造は松毬と似ており、茎を中心にして多数の鱗片が集まったようになっている。
　また、マツの葉の出方を見ると、2本が対になっていて根元で鞘に包まれているが、それはほとんど伸長しない枝の先端から2枚の葉が出ているので、このような構造は葉も花序も基本的には多数の鱗片の集まりから出来上がっていると考えられている。

26 バラの基本種

　バラ科の野草には、ヘビイチゴ、キジムシロなど数多いが、変わり者としては小さい花が密集して穂状になるワレモコウがある。

　バラには膨大な園芸種が育成されているが、ノイバラはそのもとになる種類の一つであり、いたるところの草原や河原に自生する。

　高さ１～２メートルほどになって、藪状態に茂り、枝には棘があるので分け入り難い。花弁は５枚で白いが、時々僅かに淡紅色を帯びた花が現れる。開花すると、ミツバチ、クマバチ、マルハナバチ、ミドリカミキリ、ハナカミキリなどが受粉にやって来る。

　ノイバラによく似て葉に光沢があり、地表を這いまわるテリハノイバラをたまに見かけることがあるが、ノイバラとよく似ているので見逃すことが多い。

27 | 艶のある野バラ

　先にノイバラの項で取り上げたテリハノイバラである。私の家の付近にある木曽川堤には、ノイバラばかりが生えているが、どうしたわけか突然テリハノイバラが1株見付かった。まるで、ノイバラが変異したかのようで驚いた。

　テリハノイバラは葉にクチクラ層が発達していて、ノイバラよりも光沢がある。また茎が地面を這いまわる性質があり、背丈も低いので気付き難い。

　花の数が少なめでやや大きく、若い茎には棘がある。また蕾はやや赤みがあって、咲き初めまでそれが保たれている。

　園芸用のバラは品種が極めて多いが、その改良用の原種として、テリハノイバラも重要である。

28 | 手のひらの花

　野生植物の花の形には、奇妙なものが幾つもあるが、スイカズラの花もたいへん変わり者である。

　正面から見ると、大きな口を開けた動物が長い舌を出して何かを飲み込みそうに思える。花冠から飛び出た雄しべ5個と雌しべ1個は髭のように見える。口を開けて反り返った上側の花弁が4本の指のようにそそり立ち、長い親指のような下弁を下げる。

　花の色は初めは白いが、そのうちに黄色になる。対生に付いた葉の付け根に花が2個ずつ接して付き、それぞれに大きな葉状の苞がある。花が咲くとその香りを求めて夜にはガ類が集まり受粉する。

　花筒に蜜がたくさんあるため、子どもが蜜を吸って遊ぶので「吸いかずら」と呼ばれている。

29 | 優しい香り

　キンモクセイの花（花弁ではなく萼）の香りは、多分誰もが知っているが、ギンモクセイとなるとそうはいかないのではないだろうか。
　植えられている個体数が比較的少なく、しかも香りが優しいからである。花の色が白く、キンモクセイの強烈な香りに負けて感じにくいが、上品な奥ゆかしさがあって飽きない感覚がある。
　花の香りが強い木は多く、クチナシ、ジンチョウゲ、カラタネオガタマなどは、キンモクセイと並んで香りが強い花の代表である。
　ギンモクセイはキンモクセイに比べて葉が広く、硬めで葉縁のギザギザ感も強い。ギンモクセイはキンモクセイと同様に果実が付かないといわれるが、私の家にある古木のギンモクセイは、雌しべに肥大化するものができ、毎年必ず10個程度の果実を付ける。

30 | 真冬の芳香

　冬にウメの花が咲く頃、黄色い分厚い花が咲いているのを見かける。ロウバイという木で、真冬に雪の中でも開花して芳香を放つ。近くで眺めると、花弁の表面が蝋細工で仕上がっているような趣がある。

　内部の方の花弁は薄めの色で、中心部に近くなると暗紫色になるが、花全体が黄色のものはソシンロウバイといわれるものである。

　ロウバイの重なっている花被片は、花弁と萼片が連続したもので、その区別が分かり難い。

　花は下向きか横向きに咲き、しかも花の位置が低いので、花の内部を観察しようとすると苦労する。

　ロウバイはウメの仲間であると誤解する人もいるが、ウメとは別種で、ロウバイ科に属する植物である。

31 ｜雌しべの花

　クワ科であるコウゾ属の特徴は、丸く集合した花序の雌しべが長く糸状に伸びて、ちょうど花弁が細く変形して花火のような感じで開花している。

　カジノキの場合も、雌しべが互いに丸く集まった穂は2センチ足らずの大きさではあるが、その一つ一つの長く柔らかく伸びている花柱は、ちょうど紅紫色の細い花弁が集合して、風になびいているかのようなものである。

　この丸い花序は、秋になると集合果となって赤く熟し、食べられるようになる。身近な植物の例として、クワの果実を連想するとよい。

　雌雄異株なので雄花は別に存在するが、雄花の穂は黄褐色で尾状になって垂れ下がり、開花とともに花粉をまき散らす。

32 | 北を向くネコ

　冬がようやく終わるかに思える頃、河原にあるネコヤナギの芽が膨らみかけてくる。

　ヤナギ類の花をネコといっているが、そのネコを覆っていた褐色の帽子に似た小苞が取れると、花穂の南側が大きく膨らむ。南側から太陽が当たって成長するためで、その先端が北を向く。このような植物を方向指標植物といって、磁石の代わりになる。

　ネコヤナギには雌と雄の株があるが、雄のネコのほうが大きくて美しいので、花屋に並ぶのは雄の方である。

　開花した雄花は、雄しべが2個合わさって1個となり、紅色の薬が花粉のために黄色になり、後には黒くなっていく。

　小苞のもとにある蜜栓が香るため、ハチやアブがやって来る。

33 │ 優雅な毒草

　マツブサ科の植物にシキミという有毒植物がある。シキミはその枝が仏前やお墓に供えられる。

　そのようになったのは、お墓の供物を害獣から守るために始められたともいわれ、あるいは香気で死臭を消すためであったともいわれている。伊勢の内宮にはイノシシが食べ残したシキミが多い。

　シキミはそのように有毒な植物として昔から知られているが、淡黄白色の花は下側や横を向き、貴婦人のドレスを思わせる優雅さである。花弁や萼片は先が尖った線状のしなやかさがあり、形が同じで、全部でおよそ12枚にまとまっている。

　葉は枝の先に丸く集まり、透明な油点を持つので香気がある。果実は8〜12個の袋果で星状に並んで実に美しい。

34 | 葉の仲間

　アジサイの仲間は野生の植物にも多く、クサアジサイ、コアジサイ、タマアジサイなど、飾り花を付けた小低木が山道に並ぶ。

　飾り花というのは、役に立たない雄しべや雌しべを付けた花に似たもので、それがあるとアジサイの仲間であることが分かる。

　この飾り花は、萼といわれる葉と同じ起源を持つ器官で、例えばナスやイチゴのヘタといわれる器官と類似のものである。

　観賞用のアジサイは基本的に4枚からできていて、2枚ずつが相対して付き、上下2段になっている。

　一種の葉でもあるので、花弁のように開花後すぐには落下せず、変色したあとも葉脈にあたる網目をさらし、ホオズキの袋に網目ができるように、自分自身の本体を思い起こさせる。

35 | 春の小包

　雪解けを待って土の中から頭を出す花の蕾はフキノトウである。キク科の植物で、花は筒状花からなる。葉より一足早く、その花を包む小包のような苞葉のある姿で顔を出す。

　フキノトウに雄雌の区別があるのに気が付かない人は多いが、フキが雌雄異株なのを、フキノトウの格好で見分けることができる。

　雄のフキノトウの方が雌より丸みがあって大きく、黄白色であるが、雌のフキノトウは白く、その後には紫味を帯びることがある。

　フキノトウは成長すると、雄は花粉を飛ばして枯れてしまうが、雌は背が伸びた後に、萼の変化した長い冠毛を付けた果実を風に乗せて飛び散らせ、広がって行く。食べた時の味は、雄のフキノトウのほうが美味しいといわれるが、ぜひ食べ比べてみたい。

36 | 夜咲く花

　多くの野草は太陽の光が大好きである。光が来る方を向いて花が咲く。しかし、植物はいつも光の中に居りたいのではないようだ。
　朝咲いても昼頃には咲くのを止めるツユクサやカタバミなどは、光に当たる時間を限定して咲いているが、アサガオもそうである。
　また、花が咲くのに光をよけて、夜になってから咲く植物もある。人が住む周りに存在して親しまれているカラスウリなどは、夕方になってから蕾が膨らみ夜に花が咲くので、その花の形を見たことのある人は極めて少ない。
　レース編みのような華麗な美しさのある花なので、夜に外まで行かないで花が見たい場合は、夕方に蕾の膨らんだ枝先を切り取り水に挿しておくと、夜間に部屋の中で開花するのを見ることができる。

37 | 倒れて伸長

　タンポポには多くの種類がある。在来のカンサイタンポポ、トウカイタンポポ、カントウタンポポ、それに外来のセイヨウタンポポなどである。
　タンポポにはおもしろい特徴が幾つかあるが、ここでは花を支えている花軸に注目してみよう。
　まず花が咲くとき、花軸は成長している途中であり、開花のはじめと果実が熟す時では２倍以上の差がある。特に蕾から伸長する時や果実が熟す時期の伸び方が激しい。
　タンポポの花軸は開花した後、いったん横に倒れて寝ころぶのである。そして立ち上がりつつ伸びて行って長くなる。
　開花時期に接していた萼と子房は、果実が熟すにつれて離れていき、萼は最後に冠毛となって種子を飛散するのに役立つ。

38 アレロパシー

　セイタカアワダチソウは、秋に堤防や河川敷などに行くと目に付きやすい花の代表である。

　今日、秋の堤防を賑やかにする植物として、他にススキやオギがあるが、そのような植物のある草群に少しでも隙があると、セイタカアワダチソウが入り込んで来る。その点同じキク科で、開発された土地などに入り込みやすいセイヨウタンポポと似ている。

　セイタカアワダチソウは繁殖力が強く、根から成長阻害物質を出して他の植物の生育を抑えることが分かっている。これをアレロパシーというが、野外でそれを確認するのは難しい。

　以前、ぜんそくの原因になるアレルギー現象が疑われていたが、現在では否定されている。

39 | 突然の八重咲き

　花弁の数や色彩には時どき変わり者が現れる。赤い花の植物に白い花、5弁のウメやサクラの花に4弁や6弁の花弁などが出る。
　ドクダミの総苞片は花弁ではないが、それにも稀に八重咲きが出てくる。
　私の家にキキョウが植えられている。山野草とはいえないが、その花を見ていると、時どき八重咲きの花が出現するのである。その時、5枚の花弁が重ならないように二重になって10枚が開く。
　不思議に思っていたら、町の植木屋さんに、同じ八重咲きになったキキョウに別名を付けて売っていた。
　キキョウの花は稀に奇形花を付けることがあるようで、4枚や11枚の花弁になった記録が報告されている。

40 花弁の増加

　ウメ、モモ、サクラなどは開花時期になると一斉に花が開いて気分を和ませてくれる。これらの花はウメのように個別の花に魅せられたり、サクラのように房として魅せられたりするが、花の枚数までは目が届かない。しかし、近寄ってよく見ると5枚あるべき花弁が4枚になっていたり、6枚になっていることに気が付くのである。

　花弁の枚数は遺伝的に決まっているが、いかなる状況の場合でも変化しないのではない。温度、栄養物質、ウイルス、紫外線など環境条件が特殊な作用をすると遺伝的形質に変化をもたらすことがあるようである。

　一種の奇形といわれる現象であり、例えば葉の二又、帯化なども奇形の発現である。なお、上の絵は、モモの花の花弁増加現象である。

41 | 逆三角の花

　美しいコバルト色の2枚の花弁を上に付け、その下に1枚の白い花弁を隠し、全体では逆三角形になる花を持つのがツユクサである。
　ツユクサは、特に雄しべの位置やその機能に変わった性質が備わっている。上側には3個の花粉のない雄しべがあり、その下には見せかけの花粉を持つ雄しべがある。雌しべと並んで下に伸びている2個の雄しべが花粉を出す本来のものである。
　普通は両性花であるが、雄花に変身することもあり、横向きに咲く花の上にさらにもう一つの花を咲かせることもある。受粉は原則的に自家受粉である。
　花の色も場所によって変動があり、青から白に移り変わり、その中間色も見られることがある。

42 ｜ 鮮やかな紅色

　万葉集でクソカズラと詠まれている植物であるが、和名はヘクソカズラである。近付いてもほとんど臭わないが、手で揉むと悪臭がある。
　名前にそぐわない美しい花を咲かせる。花の外側は白、中心部と釣鐘状になった内部は鮮やかな濃い紅色になっていて、その対比が見事である。別名をサオトメバナ（早乙女花）といわれるように、清楚な美しさがある。
　外面はビロード状の毛が密生する。例え花がなくても、その臭いや対生している葉、それに葉柄の基部にある三角の托葉などで、すぐにヘクソカズラと分かる。
　葉を取って押し葉にすると、黒くなってしまう。果実は球形で、熟すと黄褐色になり、中には二つの種子がある。

43 | 糸様の裂開

　花弁の先が糸のように細かく裂けている野草は珍しい。堤防など日当たりの良い場所にあるカワラナデシコはそういう形である。
　カワラナデシコは、私が幼い頃、河川敷や堤防の法面にたくさん咲いていた野草の代表である。今では野外のどこかに残っているのだろうが近くにはない。テレビで見る草原には出てくるので、まだ絶滅しているわけではなさそうであるが、珍しくなった山野草である。
　したがって、この絵にあるカワラナデシコは野外で見たのではなく、園芸店から購入したものである。
　話題の女子サッカー、「ナデシコジャパン」のナデシコはこのカワラナデシコが発祥である。日本では昔から親しみを込めて扱われた可憐な花で、今後多くの野原で復活させたいものである。

44 花弁と萼

　植物が子孫を残すために雄しべや雌しべがあり、さらに花冠（花弁）や萼（片）が取り囲んでいるが、それらは進化的に見て葉の集まり（花葉）とされている。

　花冠や萼は生殖の補助（保護）機関であるが、それらは雄しべから変化した説と、高い位置の葉から生じた説とがあり、ともに可能性があるともいわれる。いずれにしても、花冠と萼は進化的に明瞭な区別のないものである。

　萼の重要な役割は、蕾の時に内部を保護することである。植物によっては花冠より早く役割を終えるが、逆に花冠がなくなっても姿を変えてその特異性により植物を助けることもある。また、ハスやユリ、モクレンなどでは、花冠と萼の区別が分かり難い。

45 | 苞の化身

　苞が赤や白の花弁のようになって美しい花をつくり上げている事例は、度々取り上げてきた。
　苞が本来葉の変形体で、花芽の保護をする役目であることを考えると、その多機能的な能力は観賞的に見てもすばらしい。
　苞が本来葉であるとすれば、色彩が緑であることは当然と思われるが、それをそのまま生かしながら、花弁であるかのような感覚を出している野草がある。
　センダングサの中にアメリカセンダングサという野草があるが、それに付く苞は花序の下側に密生して付き、総苞といわれている。その様子は花弁そっくりで、いかにも葉から苞に移行してきたことが察知できる好例である。

46 | 赤い綿棒

　初秋の頃、野原を歩くと、長細い淡緑の茎の先に赤い玉を付けた植物が群がっているのを見ることがある。
　ワレモコウは、まるで綿棒の先が膨らんで、それを赤くしたような感じである。よほど近付いても、それがバラ科の花の集合体であることなど想像が付かない。
　花の状態は時期によって変化があり、花が咲いた後は赤褐色になるが、開花するまではやや白っぽく見える。花といっても、その花弁らしきものは萼であり、それが4枚になっていて、開くと花弁が開いたように見えるのである。
　萼は4裂していて、中に雄しべがあり、葯の色は黒くなっている。
　葉にはスイカのような匂いがある。

47 | 釣鐘の連なり

　里山を歩くと、白い釣鐘が連なったような、格好の良い花が美しく咲いている植物群に出会う。

　ホタルブクロという名前もおもしろいが、ホタルを入れることで名付けられたかどうかは、はっきりしない。キキョウ科の野草のため茎を切ると白い液が出るので、名前を確認できる助けになる。

　花は葉の出る場所の付け根に付いて、淡紅色か白色である。花の内側にはそばかすのような紫色の斑点が散らばっている。

　花の上部には五つに裂けた細い萼片があり、その間にさらに小さな裂片が上向きに反り返っている。根元にある葉には長い柄があって形に丸みがあるが、上方の葉ほど幅が狭く、柄が短くなって行く。

　たくさんの訪花昆虫で花粉を媒介する。

48 | 袋をもつ花

　ホウセンカという園芸用の植物と同じ仲間で、萼片が距といわれる渦巻き型の大きな袋になっている。

　ツリフネソウは谷間などの湿地に多く生え、花弁が3個、萼片が3個からなる。萼片も紅紫色で花弁のように見え、下側にあるものが大きな袋になっていて、その袋の先が渦巻きになり、蜜が蓄えられる。

　開花時の受粉はヒメホウジャクなどが行う。花弁3個のち、1枚が上にあり、下の2枚が大きく広がって黄色の斑点がある。果実が熟すと、ホウセンカのように種子が弾け飛んでばら撒かれる。

　花弁を正面から中を見ると、黄色から白地に変わる場所に赤い斑点が散りばめられ、美しい化粧部屋になっている。

　近似種のキツリフネは、距が下に曲がるだけで巻かない。

49 | 棘のある鎧

　棘のある野草には幾つかの種類があり、アキノウナギツカミ、ママコノシリヌグイ、あるいはアザミ類などもそうである。
　棘の成り立ちは、茎や葉などに由来する場合や、毛の変形と考えられるものもある。
　いずれにしてもそれらの役割は明確ではないが、捕食者からの防御や種子の拡散、あるいは成長するための補助手段とも考えられ、水分の蒸散を抑える意味があるともいわれる。
　オナモミの雄花や雌花は目立たないが、雌花が受粉してできた種子の入れ物は頑丈な造りになっていて、かぎ状の棘に囲まれた鎧のようなものを付けている。中にある種子が動物などに付着して拡散するために必要なのであろう。

50 ｜ 長い白髭

　湿った場所で、石や岩が積み重なったような所によく生えている植物としてユキノシタがある。
　花弁は5枚、上部の3枚は小形で同じ長さになっている。それぞれに4個の濃紅色の斑点がある。花弁の下側の2枚は上の3枚よりはるかに大きく白色であるが、たまに淡紅色をしているのがある。下側の2枚は白い髭のようであり、あるいは漢字の「大」という字の左右の斜線を長くしたような感じでもある。
　雄しべは10本あるが、花弁と合わさっているものが、他より短くなっている。
　よく人家付近に生えているが、これは本来自生のものではなく、民間薬として栽培されていたものが野生化したためである。

51 ｜ 白い花火

　日当たりの良い小高い山の湿地を好んで、花火のような花が咲く。
　背の高い多年草で、大きなものは地上から２メートルぐらいにはなる。シシウドは花の中心部からあらゆる方向に向かって花柄が散らばり、その先端に小さい白い５弁の花を付ける。
　秋になると花が枯れてしまうが、その後もしばらくシシウドの見頃が続く。それは種子が散ってしまった後の果柄の方が、花が咲いていた頃の広がりよりさらに大きくなって残り、それこそ大きな白い花火そっくりの形を残すからである。
　先の尖った花火の炎が丸く取り囲むようになった様子は、枯草の芸術であり、秋の花々が去っていく草原に一人たたずむ姿は、秋風で吹き倒されるのを待つ仙人のようでもある。

52 美しい侵害植物

　日本古来の植物ではなく、外国から帰化した野草は数多くある。オオキンケイギクも観賞用に導入されたもので、それが野生化して広域に広がった。繁殖力が強く、見て美しく、また排ガスにも強いことから法面に播種されるなど利用価値が高かった。

　ところが、この植物の繁殖地域で日本固有の野草が少なくなった例が数多く知られ、またオオキンケイギクを除去したことによって日本固有の野草が回復した例も多い。

　このため、今ではオオキンケイギクの扱いには、それが拡大しないように規制がなされている。

　大群落を作りやすいので、そうならないよう例えば梅雨時の刈り払いなどで結実を防ぐと良い。

53 ｜片寄る花列

　ナデシコ科の植物というと昔からカワラナデシコに馴染んだ思い出があり、なんとなく和風な響きが感じられる。
　しかし、ナデシコ科の植物にはかなり感覚の違う、例えばハコベ類やオランダミミナグサなども含まれていて多彩である。
　それらの中にシロバナマンテマと呼ばれるヨーロッパ原産の帰化植物がある。その基本種はマンテマという帰化植物で、膨らんだ萼から赤い花が顔を出し、それが穂のようになって茎の一方に片寄って付くのである。
　シロバナマンテマは花弁が白色または僅かに紅色を帯びた5弁からなっている。花茎の一方にのみ花が付きやすいので、感覚的にはグラジオラスなどの花の付き方に似通ったところがある。

54 消えた花弁

　花を構成している器官には花弁や萼、あるいは雄しべ、雌しべなどがあるが、それらの区別は難しいものが多い。

　ドクダミもそうである。ドクダミの花とは、普通には4枚の白い花弁らしきものと、その真ん中から上に伸びているもぐさの塊みたいな物体からなる。

　その塊には、雄しべや雌しべがあって、それらが密生して穂のようになっている。その周りにある4枚の白い花弁らしきものは花弁ではなく苞から成り立っていて、その4枚のものを総苞片という。そして、花弁は消えたままである。

　悪臭があって、触ると手が臭くなるが、ドクダミは万病に効果があるといわれる薬草である。

55 | 蜜の貯蔵庫

　スミレという呼び方は、一種類の植物の和名として成り立っているが、スミレ科には○○スミレといわれる極めて多くの種類がある。
　スミレの花は独特の形をしている。基本的にラッパのような形の花が、横か斜め下を向いて咲く。
　5枚の花弁のうち、唇弁といわれる大きな花弁が真下にあり、その奥が距という底のある管状になっている。そこに蜜が溜っていて、虫を呼ぶ。
　あと二つずつの花弁が、横側と上側に左右対になって並ぶ。咲いた花は花粉によって受粉するが、その後は開花しないで種子を作る封鎖花が出る。スミレの種子はアリが好んで住み家へ運ぶので、コンクリートの割れ目や石段の割れ目から顔を出していることが多い。

56 花の座布団

　「セリ、ナズナ、ゴギョウ、ハコベラ、ホトケノザ、スズナ、スズシロ、これぞ七草」と詠われた春の七草のホトケノザはシソ科のホトケノザではなく、コオニタビラコというキク科の植物である。

　この絵のホトケノザは、あぜ道、道路脇、堤防など、どこにでも見られる植物で、近寄って花を眺めると可愛らしいので、絵に描こうとすると花の方が強調されてしまう。

　その花が寄り集まった下側には、座布団のようになった2枚の葉が茎を抱いて敷き詰められ、花が座るのを準備している。仏さまの台座のようである。

　花の方も見事な作りで、細長い筒先が上下二唇に分かれて赤紫に色付いている。

57 総苞片の膨らみ

　ナデシコ科の野草では先に挙げたシロバナマンテマがあった。それと少し感覚が違うナデシコ科に、イヌコモチナデシコという帰化植物があり、堤防などで最近よく繁茂している。

　ピンク色の小さな可愛らしい花を咲かせるが、花の下側に大きなこぶのようになった膨らみがある。

　その膨らみは総苞片というもので、苞の中には花の蕾が数個入っていて、順次顔を出して花を開く。

　花は直径約1センチの淡紅色で、5弁花になっている。花の先はハートに似たV字型の切れ目がある。

　花の姿が、色彩とともにカワラナデシコを連想させる感覚があり、美しい。葉は対生になっているが、葉の基で茎を包む。

58 | 桃色花のキイチゴ

　キイチゴ類はほとんど白い花を付けるが、ナワシロイチゴはきれいな桃色の花である。なぜかその花弁がきれいに開かないので、その下側にある白っぽい萼が大きく見える。閉じられた花の中には多くの雄しべや雌しべがあり、後に赤い液果へと連なる。

　ナワシロイチゴという名前は、初夏の苗代作りをする頃に果実が実るためで、農作業をしながら近くで採れるイチゴを口に入れる楽しさが推し量られる。

　果実は赤く熟し、果托を残して落下する。茎にはかぎ状になった棘があり、萼にも外側に曲がった棘を持つ。

　キイチゴではあるが蔓になって伸び、晩秋には茎の先端が肥大して垂れ下がり、地面に到達して根を張る。

59 | 春の黄花

　堤防などで見る小さな野草には黄色の花を付けるものが多い。タンポポをはじめ、黄色の花は比較的春に咲くことが多いようであるが、ミヤコグサもその一つである。

　ミヤコグサの花は小さいが、目を見張るほど鮮やかな黄色の花弁を付けている。昔から愛されている花で、近年、多くの帰化植物が野原を独占している中で、長い間変わらず目を楽しましてくれている。

　マメ科の花の多くは蝶形花と呼ばれる特異な形をしているので分かりやすく、花弁は上側の正面にある大きな旗弁を含めて5枚からなっている。

　ミヤコグサの花は、その旗弁の中に赤い筋が数本存在する特徴があるが、それが特に著しいものをニシキミヤコグサという。

60 白いヒガンバナ

　秋の彼岸頃になって、田のあぜ道や土手に鮮紅色の細い散らばりのある花弁の花が咲き乱れている。それがヒガンバナであるのはすぐに分かるであろう。
　ヒガンバナは花が華麗であるが、葉は見当たらない。花が終わったあと、根元から細長いきれいな葉が伸びてきて冬を越すが、花と葉が顔を見合わすことはない。
　ヒガンバナの花は細い花茎の上に5、6個の花が付き、花被片（萼と花弁に見かけ上の違いがない時の表現）片が6枚、雄しべが6本ある。
　花被片は縁が波型で反り返り、途中に緑色の球になった子房がある。
　ヒガンバナと同じ形の白い花があり、シロバナマンジュシャゲと呼ばれ、ショウキズイセンとの雑種といわれている。

61 幻の花

　アキノノゲシは次々と花が咲き、咲き終わった花はタンポポの綿毛のようになって散っていく。花が散ったらそれで開花は終わりだと思っていたら、咲き終わったアキノノゲシに、また別の花が咲いた。

　それは花のように思わせる総苞片であった。花ではなく、そのように感じさせる野草の仕組みは、別に不思議なものではないのであろうが、人間的な思いを寄せて見れば、それは野草の人間に対する思いやりとも受け取れた。

　花の痕に残った総苞片が横に開くと花弁のように見えるので、花盛りが2回あるかのように幻の花が現れるのである。

　総苞片が横に開かず、垂れ下がることが多いが、真横に開いて花弁のように見せることがある。

62 | 湿地の怪物

　林の中の落ち葉の積もった薄暗い湿地で、妖しげな姿で立っているのである。背丈はせいぜい20センチまでで、小さな怪物である。

　全体が白く、透き通るような感じであるが、乾燥すると黒くなってしまう。花弁、雄しべ、雌しべが揃っているが、葉はうろこ片状に存在して、みんな下を向いている。

　春から夏にかけて花が咲くと、花の中に青白く熟した柱頭が見えるようになる。

　この植物の名前はギンリョウソウといい、自分の力で栄養を取ることができないので、根に共生する菌の力を借りて、腐った葉などから栄養を取る。腐生植物といういい方もあるが、菌従属植物と表現される。

63 │ 綿塊の穂

　「因幡の白兎」の話に出てくるガマが休耕田で見つかった。水田全体がガマの株で覆われ、いかにも栽培されているかのようであった。
　すでに果実ができる時期になっていて、褐色の雌花の円柱が綿で包まれたように白っぽく膨らみ、風でばらばらにほぐれて白い毛のように飛び散る寸前の状態であった。
　ガマの穂は無数の雌花が集まって、はじめ淡緑色の細い円柱になるが、その上部に小さく作られる集合雄花群の花粉で受粉され、熟すころには雌花の円柱も膨らんで褐色に変わる。
　雄花からは、まだ雌花が緑色のうちから驚くほどの花粉量が出て、揺すると周りが真黄色になる。花粉は吸湿性に富んでいて、傷口の止血剤として名高く、「因幡の白兎」の伝説を作った。

64 雌しべの集合

　一つの花から雌しべがたくさん飛び出ている花は、比較的珍しいのではないだろうか。アケビは雌雄同株で、雌花にはたくさんの雌しべと退化した雄しべ、雄花には退化した雌しべが残っている。

　アケビには雌雄花とも花弁がない。3枚の花弁に似たものは萼片で、雌花の紫色の大きな萼片の中に放射状に出た、先が赤く濃紫色の棍棒(こんぼう)の集団が雌しべである。

　雄花は白い小さな萼片を持ち、6本の丸く曲がった紫色の輪状のものが雄しべである。

　雄花は花序の先の方に付き、雌花は基部の方に付くが、枝が長く伸びて、前の方に垂れ下がる。

　他花受粉した集合状態の棍棒からは、幾つかの果実ができあがる。

はがき絵編

果実

65 | 薄紫の小果

　林の中を歩いていると、足元に花火のように美しく散らばった小さな果実を目にすることがある。
　果実の色が薄紫色であまりにも小さいので、可愛らしく人気者の植物である。薄手で先の尖った葉が対生に付き、その葉腋から花序が出ている。葉腋から花序が出ているこの植物をムラサキシキブといい、葉腋ではなく葉腋の少し上から花序が出ている極めてよく似た植物があり、それをコムラサキという。
　二つは似ているので間違えやすいが、コムラサキの方が全体にやや小さく、また果実の色の赤味が強いので区別が付く。また、コムラサキの方は果実が多いので、店で販売するのに向いている。なお、上の絵はムラサキシキブの方である。

66 野鳥の冬餌

　冬になると野鳥の餌が足りなくなるようである。庭にある赤い果実のなる植物はほとんどが鳥にやられる。

　その中でよく目立つのがクロガネモチである。その他にも赤い果実のなる植物は多く植えてあるので、ヒヨドリやカラスなどに次々と食べられる。ナンテンや大切に育てていたセイヨウヒイラギの赤い果実もやられてしまった。

　クロガネモチは強い木なのでどこの家にもよく植えられ、また鳥が運んだ種子によって、思いもよらない場所から芽が出てくる。

　クロガネモチはヤマグルマに似た性質があるので、樹皮から「鳥もち」を採取することができ、その粘着性を利用して木にとまる鳥や昆虫を捕獲することが可能である。

67 │ 秋の赤珊瑚

　早春、寒さがやや緩む頃、葉が出るのに先立って黄色に輝く花が一面に広がる。

　サンシュユは別名ハルコガネバナと呼ばれるように、これまで寒々としていた庭を活気付ける。サンシュユはさらに別名を持っていて、アキサンゴとも呼ばれている。それは、秋になって、きれいな赤いサンゴのような果実を結ぶからである。

　サンシュユの原産は中国あるいは朝鮮半島と言われるが、江戸時代の享保年間に薬用として渡来して広がったようだ。そのため、日本古来からの野生種とは言えない。

　サンシュユは葉だけ見ると、同じミズキ科のハナミズキやヤマボウシと見分けがつき難い。

68 | 橙色の集合果

　バラ科としてのキイチゴの仲間は多く、数十種に上る。その多くは食べられる。

　山野や海岸などに自生するが、庭木として植えられることも多い。ここで描いた橙色をしたカジイチゴに限らず、果実が熟すと赤味のあるつぶつぶした膨らみがあって可愛らしい。

　キイチゴの花は雌しべと雄しべが多くあり、その雌しべからの多くが核果といわれる果実の集合体が作られる。果実群は互いに癒着せず、内部には果托がある。構造が比較的よく似た果実にクワやイチジクがある。

　キイチゴの葉は種類によって違うが、カジイチゴは3〜7片に裂け、大きさは20センチほどになることがある。

69 ｜髭のある皿

　ドングリという名前は昔から何となく懐かしい響きで登場する名称である。

　カシ、クヌギ、ナラなどブナ科の果実が椀状の皿に入ったような状態になっていて、さまざまな種類を示している。

　椀のような皿のことを殻斗というが、その形にはいろいろあって、クリやシイのように果実が包まれているもの、ミズナラやナラガシワのように鱗状になっているもの、アラカシやシラカシのように同心円状のもの、またクヌギやアベマキのように髭状になっているものなどがある。

　絵のように、クヌギやアベマキの殻斗の髭は華やかで目立ち、それが樹種の同定に役立つことになる。

70 | 楕円形の住宅

　昔、カラスウリの果実や松毬は子どものおもちゃであった。神社に行けば幾つも転がっていたので、それを拾っては投げ合った。
　松毬のことを球果いい、その中にマツの種子が入っている。枝に付いて2年目に種子が成熟すると、球果の鱗片が反り返って隙間を作り、中にあった種子が飛び散る。種子翼という羽が付いているので、風に乗って遠くまで飛んで行くことができる。
　種子が飛び出た松毬は、しばらくして地上に落ちる。雨が降った後などで松毬が湿っていると、螺旋状についた鱗片が閉じて卵形の楕円形をしているが、晴天が続いて乾くと鱗片が開いて、小さな籠のように隙間ができる。例えてみれば、松毬は種子が住んでいた楕円形の集合住宅といえよう。

71 | 裂けた袋果

　秋、街路樹に舟形になった葉のようなものがあり、それにクルミ状の小さな球が多く付いている植物がある。

　この木はアオギリで、樹皮が長い年月にわたって緑色をして美しく、庭園樹として植えられることが多い。

　雌雄異花であるが、それぞれの花には花弁はなく、花弁のように見えるのは萼片である。秋になって袋のようになった果実ができると、その果皮が五つに割れて、それぞれが舟形になった5枚の葉のようになる。その内側に皺のある小さな数個の種子が付くのである。

　この舟形になった果皮は大胞子葉と呼ばれているが、表面には二股の脈が多いので、その起源は葉ではなく枝であろうといわれる。上の絵は、その大胞子葉であるが、すぐに見定められる人は少ない。

72 | 丸い毬

　スギに着生する雄花の花粉が花粉症を引き起こす原因になるのはよく知られている。また昔からリュウノヒゲの果実で遊んだように、雄花は杉鉄砲の玉にした思い出もあるので親しみがある。

　雌花の方は着生する位置も高めであるので関心も低く、観察するのにも骨が折れる。

　スギの雌花は、前年に伸びた枝の先に１個が下向きに形成される。直径２〜３センチ程度の緑色をした毬のように鱗状に付き、その基部に幾つかの胚珠といわれる受精器官がある。

　それは被子植物の雌しべに当たるもので、２〜４月になると雄花から飛散する花粉で受精し、10月には絵のように成熟する。種子は各鱗片に３〜５個ずつ入っている。

73 ｜肉厚の部屋

　近くに椿苑があり、ツバキの花盛りには見物に行くことがあるが、ツバキの品類が多いのに驚く。

　ツバキの先祖はヤブツバキで、原産地は日本である。ユキツバキとよく比較されるが、ヤブツバキの花はユキツバキのように平開せず、また雄しべの花糸がユキツバキのように鮮黄色でばらばらではなく白色で下半分が筒状につながっている。

　開花後１年近くが過ぎた10月頃になると、成熟した果実（朔果）の１か所にひびが入り、肉厚な皮でできた部屋のような頑丈な果皮が三つに割れて、小さい黒褐色の種子が３個以上出てくる。

　椿油は不乾性で粘着性がなく、酸化によって酸化物を生じないので刀剣類のさび止めなどに使う。

74 | 硬い核果

　秋も深まった頃、河川敷の際に落ちている果実がある。時期が遅くなると果肉がなくなっているので扱いやすい。
　夏の間生い茂っていたオニグルミの果実で、核の殻がなり硬いが割ってみると美味しく食べられる。
　もともと山間部に生えていた落葉高木であったが、種子が谷川に落ちて流れ、ついに大河川を下って下流の岸辺に到着したのであろう。そこで山で育った姿を取り戻したのである。
　夏場、樹木に付いた果実群は、緑色の先端が少し尖った大きな卵形の果実で、初秋に地面に落下しても、まだ果肉が付いたままである。
　オニグルミはよく市販されているテウチグルミなどに比べて味は優っているが、割れにくく可食部が少なめである。

75 | 卵塊様の果実

　子どもの頃、イヌマキの果実（本当は果托）をつまんで味を見たのと同じように、果実を口に入れたのがヤマグワであった。

　ヤマグワは本来、山地に生え10メートルを超す高さになるが、昔は養蚕のために低く刈り込んでいることが多かった。ただし、一般に栽培されているクワは中国産のロソウ（魯桑）で、大きく光沢がある肉厚の葉がたくさん付く。

　雌雄異株であるが、まれに同株のものもある。新しい枝の下部に、花弁のない雄花や雌花が付く。萼に包まれて集合した雌花ができ、花粉は先が二つに分かれた花柱のある雌しべに受粉する。

　受粉後に果実は膨らみ、赤から紫黒色になって成熟する。その様子は、カエルが水中で生んだ卵塊のように固まって密着している。

76 四角い果実

　広葉樹の果実の多くは丸い形をしているが、マユミの果実は裂開性でオレンジ色をした四角い容器に入っている。

　成熟して四つに裂開すると、中から粘着性のある赤い組織に含まれた種子が飛び出してくる。

　マユミには他にいろいろと不思議な形質があり、例えば枝にはコルク質の稜が白く筋を引いていることがあるが、これはニシキギなどに見られる翼と同質のものである。

　マユミは日本に自生し、枝が折れにくいので、古くは弓の材料にしていたこともあるようだ。

　マユミはその可憐な四角い果実の美しさから、多くの文学にも登場する話題性の多い植物である。

77 | 赤と緑の団子

　イヌマキの果托の味はヤマグワの果実より劣るかもしれないが、それでも幼い頃の思い出として懐かしい。

　イヌマキは生垣として多く植えられているので、野生の姿はあまり見たことがないが、20メートルほどの高木になる。

　雌雄異株であるが、雄花は前年の枝に穂状に束生して黄色くなって垂れ下がり、雌花も枝の葉の付け根に短い柄をもつ小さな苞葉を作り、それが伸びてその先に胚珠を形成する。

　受粉すると胚珠の部分が膨らんで緑の種子になり、その下部にある花托も膨らんで赤く熟す。緑の種子の白い粉は有毒である。

　緑の種子と、花托が膨らんだ赤い果托が連なり、赤緑団子が串刺しになっているように見える。

78 | 胎生種子

　秋になって稲穂が実る頃、長雨が続くと籾から芽が出てくることがある。これを昔から穂発芽といっている。これとは別に雨とは関係がなく、まだ種子が樹上に付いているままに発芽する場合があり、そのような種子のことを胎生種子という。
　イヌマキの種子によく見られ、他にマンリョウなどにも見られることがある。熱帯のマングローブ林のヒルギの仲間は、果実が樹上で発芽して浅海に落ち、地面に突き刺さって生育する。
　イヌマキの発芽した胎生種子を、そのまま土に浅く埋めこんだところ、立派に生育して大きな苗になった。
　胎生種子とはいわないが、貯蔵されたカボチャなどでは、中を割ってみると、稀に発芽した種子を見ることがある。

79 | クリスマスの木

　ヒイラギは公園や寺社などによく植えられている。果実は普通では滅多に見られないが、棘が無くなるような老樹になると見る機会が多くなって、初夏には黒紫の果実ができる。
　ヒイラギというと赤い果実を連想することがあるかもしれないが、赤い果実を付けるのはセイヨウヒイラギの方である。
　セイヨウヒイラギはクリスマスの木と言われるように、クリスマスケーキには、その小さな飾りがよく突き刺してある。
　果実が赤く熟す頃にセイヨウヒイラギの大木を見ると、その気品と美しさに圧倒されるほどであるが、ムクドリの餌になりやすいので気をつけなければならない。わが家にあった鉢植えのセイヨウヒイラギの果実も、冬になると毎年野鳥のご馳走になってしまう。

80 回転する種子

　カエデというと、葉が手のひらの指のように分かれて広がった、いわゆる掌状葉であると思われるかもしれないが、中には分かれていない葉や、3枚に分かれている葉もある。

　それでもカエデの種子の方は、すべてが左右に伸びた一対の翼果になっている。しかし、その形はカエデの種類によって大きさ、形、羽の角度などが少しずつ異なり、大きなものでは5センチ、イロハカエデでは1.5センチである。

　カエデの種子が熟すと一対の翼果が互いに離れて、1匹の昆虫の羽のようになり、端に付いている果実の部分を中心にクルクルと回りながら宙を舞う。軸の付いていない竹トンボが飛んでいるようで、秋の自然の風物である。

81 ナシに似た味

　ケンポナシは山野に自生する落葉高木であるが、葉の付き方が変っていて、枝の左右に片側2枚ずつ交互に連続する。コクサギと同じ出方なので、これをコクサギ型葉序と呼んでいる。

　ケンポナシが変っているもう一つの魅力は、枝にナシ（梨）に似た味のある部分があり、食べられることである。果実ができる頃になると果軸が肉質に膨れて黒褐色になり、枝の関節部分から落下するようになる。その頃になると、その部分が甘い味になるので子供が喜んで食べる。

　果実はその肥大した枝の肉質部の端にでき、直径約7ミリ程度の小さな球形で黒紫色に熟す。不規則に曲がりくねった果軸とともにナシのような味が楽しめる。

82 果実の色変わり

　野外に生えるブドウに似た植物には、ヤマブドウ、エビヅル、サンカクヅル、それにノブドウがある。

　そのうち食べられないのはノブドウだけで、あとは食べてもさしつかえない。また、それらの食べられる果実はいずれも黒色に熟す。

　食べられないノブドウの方は、果皮が淡緑色から紫色を帯び、碧色に変化する。果実の色が美しく変化するので、公園などで観賞用の植物として植えられることもある。

　ノブドウの葉や茎は変化に富み、葉は丸みのある三角形であるが、早春に出たもの、切り口から出た葉は切れ込みが深い。また茎はジグザグになって枝が主軸になっていく仮軸分枝の形態をとる。なお、熟した果実は中に昆虫が寄生して、膨らみやすい。

83 | 三枚の翼

　原野を歩いて蔓草を分けながら進むと、小さな翼が重なった蔓を見かけることがある。それがヤマノイモの果実である。よく見るとその丸い翼は三方向に飛び出ていて、熟すとさらに翼が２枚に離れ、中からひれを持つ丸く平たい種子が出てくる。

　この三方向に飛び出た果実は、雌花の子房が葉の付け根から垂れ下った長い花序として成長したもので、乾くと変わったドライフラワーになる。雌花と雄花は別株で、雄花の方は葉の付け根から上向きに花序を付ける。

　ヤマノイモの花は雄花、雌花とも小さく目立たないが、伸びた茎の先が下降すると、葉の付け根にむかごを付けやすくなる。また、地中のイモはこぶ（担根体）が膨らんだものである。

84 | 複数の着果

　初秋にかかる頃、カラスウリの果実が荒れ地に立つ木に登って朱色の大きな果実をぶら下げ始める。

　雌雄の株が別になっていて、それぞれ数個の雄花と、1個の雌花が付くといわれている。

　カラスウリが目立つのは赤い果実であるが、仮に夜が昼のように明るければ、目立つのはむしろ花であろう。白いレース編みのような華麗な模様を持った大きな花であるが、夜に咲くのでスズメガだけが訪れ、人目に触れることは少ない。

　雌花は1葉に1個付くと言われているが、そこにできる果実は3個であったり4個であったりすることがよくある。例外が多すぎるのかもしれない。

85 │ 俵に似た実

　ドライフラワーによく使われるイネ科の野草である。小穂が1センチから2センチ程度と大きく、形が俵や小判に似ている。
　そのため、タワラムギあるいはコバンソウと呼ばれている。明治時代にヨーロッパから観賞用に移入されたが、現在では野生化している。
　小穂は糸のような極めて細い柄で垂れ下がっている。初め淡緑色であるが、その後は絵のように黄褐色になる。穂の両面に膨らみがあり光沢もあるので、手工芸用に珍重される。
　これとよく似た植物にヒメコバンソウがあり、小穂はコバンソウに比べてはるかに小さい。形が俵型というよりは三角形である。これも帰化植物であるが、古くから畑の中に入り込んでいて、雑草として扱われている。

86 インク色の房

　幼い頃に、紫色の房になった果実を採っては、その汁で落書きをした憶えがある。「インクの実」とか言いながら悪戯をして遊んだ。
　植物の赤や紫系の色素には幾つかの種類があり、代表的なものはフラボノイド系のアントシアニンであるが、窒素を含む色素であるベタレインもあり、これはその仲間のベタシアニンである。
　アントシアニンは発色幅が広く植物分布も広い。ベタシアニンも赤から紫色を発色するが、植物分布は多くはない。
　絵にあるヨウシュヤマゴボウは大型の多年草で、地中に太い根を張り込んでいる植物であるが、赤紫色はそのベタシアニンである。
　果実の汁は魅惑的なインク色なので子どもたちに人気があるが、この植物は有毒なので注意が必要である。

87 神輿から飛散

　ゲンノショウコの花はあまり目立つ花ではない。花の色は紅色か白で、関西方面では紅、関東方面では白が多いようである。

　昔から民間薬として名高く、下痢止めの薬として効果があり、服用するとすぐに効き目があるので、「現の証拠」といわれる。

　ゲンノショウコの姿でおもしろいのは、果実の形である。花が咲き終わると果実ができるが、その約1か月後に果実の縦線が黒くなって収縮し、上方に引っ張り上げられて五稜の屋根に似た神輿形になる。

　湿度が高いと元の果実の形に戻るが、乾燥するとまた巻き上がり、それを繰り返すうちに種子が飛び散る。小さい形であるが、見事な芸術性を持っている。

88 | 赤色になる莢

　マメ科の野草は極めて種類が多く、クズのように大きなものから、ヤハズソウやミヤコグサのように小さなものまである。

　その大きなクズを小さくしたような形の植物がタンキリマメである。その莢(さや)が熟すと赤くなって美しい。赤くなった莢は乾燥して幾分色が褪(あ)せる頃、皮が弾じけて光沢のある黒い2個の種子が顔を出す。その種子はすぐに落下しないで、割れた莢の左右に分かれて付いている。

　タンキリマメに似たトキリマメという野草がある。絵のようにタンキリマメは小葉の幅が中部より上が幅広く葉先が尖らないのに対し、トキリマメは中央部の幅が最も広く、葉先が細くなる。

　タンキリマメという名前の由来は、咳(せき)止めや痰(たん)切りに効くという言い伝えによる。

89 | 苞葉の変形

　壺状でプラスティックの手触りがあるジュズダマは、果実なのであろうか。一体何なのか迷う。
　ジュズダマは果実そのものではないが、丸い壺状の葉鞘が変化して硬くなった苞葉を備えたもので、白、淡青、淡褐色など陶器のような感触がある。
　苞葉の上部からは雄花の穂が伸びてぶら下がり、同じその苞葉から柱頭を出している雌花と受粉する。果実が熟すと、硬く出来上がった果実は苞葉に包まれたまま地面に落下してしまう。
　ジュズダマは多年草で葉の幅は広く、よく似た変種のハトムギは一年草で、苞葉はジュズダマほど硬くならない。
　硬くなった苞葉は中に穴が開いているので、子どものおもちゃになる。

90 | 珠芽の集合

　道路を歩いていると、道端や土手にいくらでも見つかるノビルは、ニラの臭いを発散している。

　ノビルは花茎が50センチほどに伸び、その先に花序を包む膜状の苞葉を付け、小さな紅紫色を帯びた白い花を開く。

　開花後は日当たりが良いと、ほとんどが紫褐色で硬く集合したボール様の小さな珠芽に変わって地上に落下し、繁殖の手段になる。花序は初めから珠芽だけになって花が咲かないこともあり、時としてそれが落ちないで茎に付いたまま発芽することもある。

　地下に小さな球形の鱗茎があって、春になると葉とともに食用になる。ノビルはヒガンバナやアマナなどと同じように、有史以前に帰化した植物であるいわれる。

はがき絵編

虫こぶ・病害

91 | 紫色の大玉

　山地に生育するクリにはさまざまな害虫が寄生する。果実を食べる虫、枝や幹をかじるカミキリムシ、葉や茎を吸汁するアブラムシなど数多く存在する。

　その中で変っているのは、大きなこぶを作るクリタマバチであろう。クリタマバチが芽の中に卵を産み付けると、翌春から芽が肥大してクリメコブズイフシという虫こぶになる。

　虫こぶができると、木の生育が著しく悪くなる。その虫こぶの形は、丸くて日が当たる部分は紫色になり、また全体が著しく硬くなって刃物を使っても切り難い。

　また、この虫こぶには小さな葉ができるという変わった特徴を持っている。

92 | 耳状の大袋

　ヌルデというウルシ科の植物を山野で見ることがある。他のウルシ科に比較するとかぶれが少ないので、触ってもあまり心配はない。
　ヌルデに付く虫こぶには、ダニによる小さな疣状のものと、アブラムシの刺激によって若芽や葉身が耳状に膨れあがる巨大な袋状のものとがある。
　袋状のものはヌルデミミフシと呼ばれる黄緑色のこぶを作り、そのうちに少し赤味を帯びてくる。その中にはこぶを作ったヌルデシロアブラムシ（ヌルデフシムシ）が密集して入っているが、9月頃には成虫が飛び出し、オオバチョウチンゴケで越冬する。
　この虫こぶは昔から五倍子と称され、タンニンを多く含んでいるので、薬品や染料などに使われた。

93 | 整列する宝石

　樹木の葉にルビーかと思わせるような真紅の玉が並んでいるのは何であろうか。葉の左右に均等に並んでいるものも存在するので、誰かがわざと悪戯をしたかのような感じである。
　クヌギやアベマキの葉に宝石を並べたように存在するのは、クヌギハマルタマバチが作ったクヌギハマルタマフシという虫こぶである。
　普通は夏になる頃に脱落するが、成熟が悪かったり、ハチに加害されたりすると、遅くまで樹上に残って葉とともに落下する。
　虫こぶを作る昆虫は確かに害虫であり、加害によって植物に被害があるが、このように美しい状況が作られると、それなりに観賞価値がある。こうしたものが人工的操作によって利用されるような日がやってくるのかもしれない。

94 | ネコの足

　昆虫などが、これほど奇妙な形を植物に作ってしまうのかと不思議に思うくらいに、異様な形ができあがる。
　エゴノキに付くエゴノネコアシという虫こぶも変わっていて、ネコの足のような形になっているが、小さなバナナの房にも似ている。
　エゴノネコアシアブラムシが寄生して、その刺激で植物が作ったもので、アブラムシが脱出するための出口も作られている。
　虫こぶを作る昆虫には、アブラムシ、タマバエ、フシダニ、タマバチ、キジラミなどがあるが、一番はタマバエによるようである。
　虫こぶを作る昆虫は、植物の種類や場所、形が特定されていておもしろい。その詳しい仕組みはまだ十分解明されていないようで、今後の研究によっては、虫こぶの謎がさらに進むかもしれない。

95 | 黄緑の巾着

　袋の片方をひもで結んだような形は、イチジクの果実や巾着袋などに似ている。

　ケヤキの葉の表面にこのような巾着袋の形をした虫こぶがたくさんできる。長さは1センチ程度の黄緑色の小袋である。

　ケヤキヒトスジワタムシが作ったケヤキハフクロフシという虫こぶである。同じような虫こぶに、アキニレにできるアキニレハフクロフシ、エノキにはエノキハトガリタマフシがあるが、それぞれ形が微妙に違っている。

　いずれも長さが1センチ、幅が5～6ミリ程度で黄緑色をしているので、近付いてよく目を凝らさないと、こぶが新葉に溶け込んで目に入らない。ただし、アキニレの虫こぶは、その後赤味を帯びてくる。

96 赤い星の玉

　初夏の河原でよく見かけるのは、白い花が咲いたノイバラの群生である。ノイバラは日本固有の植物で、古くは万葉集でも詠われ、100年以上前の化石の報告もある。

　秋になると赤い果実がたくさん付いて美しい姿に変わるが、それとは別に葉の葉脈部分に赤い小さな棘のあるこぶが付くことがある。

　それが虫の作ったこぶで、バラハタマバチの寄生によるバラハタマフシという虫こぶである。ノイバラには棘があるが、この虫こぶにも植物組織の性格を持った棘があり、星のような形に完成する。

　ノイバラは果実が赤い群をなして目立つので、葉に付いた赤い虫こぶを発見するのは容易でないかもしれないが、その気になって探してみると、案外よく見つかるものである。

97 | 二種類の小球

　夏になって河原や堤防を散歩するとき、ヨモギの茎にいろいろな姿をした小さなこぶを見付けた経験があるだろう。

　一つは緑色で直径5ミリ程度の硬い玉、もう一つは直径7～8ミリのビロード状の柔らかい玉、さらには1～2センチにもなる綿状のものも存在する。

　これらはすべて昆虫が作ったこぶである。ビロード状のマントを被ったように見えるのは、ハエの一種が作ったものであり、綿が巻き付けてあるようなこぶは、別のハエによるこぶである。

　さらにはダニによっても虫こぶができるようで、ヨモギ群の中を散歩しながらも、気を付けているとおもしろさが体験できる。ビロード状のはヨモギ自体の形状が虫こぶに表現されているのであろう。

98 ｜ 橙色の軟塊

　カイズカイブキやイブキの茎に橙色の粘っこい塊がくっついている場面を見たことがあるだろうか。ビャクシン類のみに発生する現象であるが、専門家でないと気が付く人は少ないに違いない。

　この現象は、まだ寒さが明けきらない春の日、雨が降った翌日に見られることがある。そして、その明くる日が晴天で空気が乾いていると、もう消えてなくなっている可能性もある。

　これはビャクシン類を中間宿主とするナシ（梨）の病原菌の姿である。植物自体の姿でなく、菌の姿なので植物を掲げる意図からは外れるが、樹種と緊密な関係があるので掲載した。

　ナシに赤星病という病害があるが、その菌が冬の間、姿を変えながら別の植物に住みついて栄養を蓄えている場面が、これである。

99 | 葉の肥大

　植物の病害というのは、普通はカビやバクテリアなどの菌が寄生して栄養を摂取するために、その侵害場面に特殊な病徴を作ったり、軟化などの現象を起こすものである。

　また、ウイルスなどによる場合は、植物に主として奇形や矮化をもたらすことが多い。しかし、カビによる侵害によっても種類によっては植物の形を著しく奇形にすることがある。

　サザンカにもち病という病害があるが、カビに侵害されて葉が膨れ上り、はじめ赤味があるが、次第に表面が白い胞子で覆われ、餅をイメージするような姿になる。

　サザンカ以外にも、他のツバキ科やツツジ科に対して、いろいろな種類のもち病菌が侵害して被害をもたらす。

100 樹木のこぶ

　樹幹の途中に滑らかな丸い膨らみが現れるのは、多くは病原菌が侵入するからである。

　クロマツやアカマツにはこぶ病という病害が発生する。一種のさび病の菌が原因で現れることがあり、この膨れた部分から甘い粘液が出てくる。菌の酵素がセルローズを分解するからである。

　菌は樹木の傷口から侵入するので、風当たりの強い松林の周りや道路沿いの木に多く、人目に付きやすい。

　マツは特定の菌に侵入されると、植物ホルモンの濃度に変異を起こして異常な成長を始めようとする。

　こぶができても、それを除去すると傷ができて木を枯らしたり、別の菌や害虫が入りやすくなるので、そのままにしておくのが良い。

参考文献

事典

増補　植物の事典　小倉謙監修（1983）東京堂

図説　花と樹の大事典　木村陽二郎監修　植物文化研究会編（1996）柏書房

新訂図解　植物観察事典　岡村はた、橋本光政、室井綽ほか（2001）地人書館

日本植物病害大事典　岸国平編（1998）全国農村教育協会

昆虫の事典　古川晴男監修（1977）東京堂

ビジュアル園芸・植物用語事典　土橋豊（1999）家の光協会

食べられる野生植物大事典新装版（草本・木本・シダ）橋本郁三（2007）柏書房

図鑑

日本の野生植物草本Ⅱ　佐竹義輔、大井次三郎、北村四郎、亘理俊次、冨成忠夫編（1982）平凡社

日本の野生植物木本Ⅱ　佐竹義輔、原寛、亘理俊次、冨成忠夫編（1989）平凡社

検索入門　野草図鑑　長田武正（1984）保育社

日本帰化植物写真図鑑　清水矩宏、森田弘彦、廣田伸七（2001）全国農村教育協会

原色樹木病害虫図鑑　奥野孝夫、田中寛、木村裕（1983）保育社

日本原色虫えい図鑑　湯川淳一、桝田長編（1996）全国農村教育協会

一般図書

ほんとの植物観察　室井綽、清水美重子ほか（1995）地人書館

続　ほんとの植物観察　室井綽、清水美重子（1999）地人書館

植物の形と進化　前川文夫（1998）八坂書房

植物の多様性と系統　岩槻邦男、馬渡峻輔監修、加藤雅啓編集（1998）裳華房

日本の帰化植物　清水建美編（2003）平凡社

植物の体の中では何が起こっているのか　嶋田幸久、萱原正嗣（2015）ベレ出版

図解　樹木の診断と手当　堀大才、岩谷美苗（2002）農文協

樹木医学　鈴木和夫編著（2000）朝倉書店

葉っぱのふしぎ　田中修（2008）ソフトバンク　クリエイティブ

葉っぱの不思議な力　鷲谷いづみ、埴沙萠（2005）山と渓谷社

身近な植物に発見！　種子（タネ）たちの知恵　多田多恵子（2008）日本放送出版協会

奇妙な植物散歩　山川哲弘（2007）岐阜新聞社

著者

山川哲弘（やまかわ　てつひろ）

　1938年岐阜県羽島市に生れる。1961年岐阜大学農学部卒業後、全購連農薬研究所に入所。その後、全農農業技術センターを軸に農薬の研究・技術部門を歴任。1985年京都大学農学部農林生物学科にて「果菜類灰色かび病の花器感染機構」の研究で農学博士の学位を受ける。

　全農退職後、農薬会社技術顧問を経過し、岐阜大学農学部（現在応用生物科学部）における農薬学の非常勤講師を経て現在に至る。

　農薬に携わるかたわら、長年にわたり野外植物に関する独自の観察を継続。岐阜県植物研究会会員。著書　農薬の正しい使い方（1993・富民協会）、奇妙な植物散歩（2007・岐阜新聞社）。

野外植物の魅力
野外植物の水彩画200＆観察エッセイ

2016年7月9日発行

著　者　山　川　哲　弘
発　行　株式会社岐阜新聞社
発　売　岐阜新聞社 出版室
　　　　〒500-8822　岐阜市今沢町12
　　　　　　　　　　岐阜新聞社別館4階
　　　　☎058-264-1620（直通）
印　刷　西濃印刷株式会社
　　　　〒500-8074　岐阜市七軒町15
　　　　☎058-263-4101（代表）

無断転載はお断りします。落丁、乱丁本はお取り替えします。
ISBN978-4-87797-226-4　C0045